骰子掷出的学问

——概　率

严　虹　编著

贵州出版集团

贵州人民出版社

出版说明

兴趣是最好的老师，知识的学习更是如此。如果学习者缺乏兴趣，阅读就将是一个枯燥无味的过程，轻松快乐的学习也就无从谈起。基于这样的事实，本着"兴趣阅读、快乐学习"的理念，我们经过深入调研，与国内的众多专家学者及一线教师全力合作，为所有希望将学习变得轻松愉快的朋友奉献上"快乐阅读"书系。

"快乐阅读"书系，以知识的轻松学习为核心，强调阅读的趣味性。它力求将各种枯燥无味的知识以轻松快乐的方式呈现，让读者朋友便于理解接受。它的各种努力，只有一个目标，即力图将知识学习过程轻松化、趣味化。读者朋友在阅读过程中，既能保持心情愉快，又能学有所得。在轻松愉快的氛围中学习，让知识学习成为读者朋友的兴趣，本身就是提高学习效率最有效的途径。

"快乐阅读"书系首批图书分为"语文知识"、"作文知识"、"数学知识"、"文学导步"、"文学欣赏"、"语言文化"、"个人修养"七大板块，各个板块之下又有细分。英语、生物、化学等相关的知识板块将会在以后陆续推出。针对不同学科知识的特点，本书系以不同的方式来达到轻松快乐的目的。要么是以故事的形式，在故事的展开之中融入相关知识；要么是理清该知识点的背景，追根溯源，让读者朋友知其然，更知其所以然，让理解更为轻松。总而言之，就是以最恰当的方式呈现相关的知识。

希望这套"快乐阅读"书系能陪伴每一位读者朋友度过美好的阅读时光。

编　者
2020 年 10 月

卷首语

"2012 年 9 月 25 日，天津彩市出现了一条爆炸性新闻，西青区 08020 体彩网点一举中出了 11 注七星彩头奖，总奖额高达 4755 万多元。"看到这则报道，你是否会惊叹——他们的运气真是太好了！那么，中奖者到底有多幸运呢？我们试着用具体的数字来诠释一下。

根据游戏规则，一等奖需要 7 个投注号码与开奖号码全部相符且排列一致。假设开奖号码是 1234567，那么第一个数码从 0 至 9 的数字中摇出"1"的机会是 $\frac{1}{10}$，第二个数码的机会也是 $\frac{1}{10}$，……依此类推，要顺序摇出"1234567"的机会是 $\frac{1}{10} \times \frac{1}{10} \times \frac{1}{10} \times \frac{1}{10} \times \frac{1}{10} \times \frac{1}{10} \times \frac{1}{10} = \frac{1}{10000000}$。

这个机会到底有多大？我们凭经验来分析一下，当我们抛掷一枚质地均匀的硬币时，正面朝上的机会是 $\frac{1}{2}$；连续抛掷两次，都是正面朝上的机会是 $\frac{1}{2} \times \frac{1}{2} = \frac{1}{4}$；……请你试着猜想一下，$\frac{1}{10000000}$ 大约相当于连续抛掷几次硬币，都是正面朝上呢？

哈哈，答案是 24 次！也就是说，买一注七星彩要中一等奖的机会大约等于连续抛掷 24 次硬币均为正面朝上的机会，这是一件几乎不可能发生的事情，却恰好发生了！

对于广大的彩民朋友们而言，彩票能否中奖在购买之前是不能确定的。其实，在日常生活中，我们无时无刻不在面对这类不确定的事件，伴随它们的风险也无处不在。在保险、风险投资、管理决策等许多领域，常常会遇到这样的问题——如何在不确定性的情况下做出正确的决策？而对于不确定性现象的量化处理是做出决策的基础，概率就是对此类事件出现的可能性进行度量的有效方法。

本书将带领我们去了解在各个历史时期人们如何用不同的方法来计算此类事件出现的可能性的大小，一起经历数学家在研究概率时的成功与艰辛！

当然，我们还会告诉你，我国唐朝时期流行的行酒令游戏是不是公平，西方著名的赌金分配风波是怎么回事儿，神奇的圆周率如何通过实验的方法得到近似值，等等许多你所不知道的内容。

那么，亲爱的读者朋友，你准备好了吗？让我们一起进入奇妙的可能性世界中去探险，从许许多多的偶然事件背后去寻找其中隐藏的必然规律吧！

目　录

骰子掷出的学问——概率

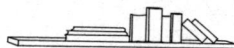

第一章

我们生活在可能性世界中

大家好，我是本册书的引导员——夕夕，请大家跟我一起准备进入奇妙的可能性世界吧。

　　如果有人问你明天会不会下雨，你会怎样回答？如果你买了一张彩票，你认为自己中奖的可能性有多大？抛掷一枚6面的骰子，你能提前知道哪一面朝上吗？在生活中我们经常会遇到这样一类问题，在一定的条件下，可能出现这样的结果，也可能出现那样的结果，在事情发生之前不能预知确切的结果，这种现象，我们称之为偶然现象或随机现象。与之对应的另一种现象是在一定条件下必然出现的现象，称之为必然现象或确定性现象。例如，太阳一定是从东边升起的；带异性电荷的小球必然相互吸引；平面上矩形的面积必为长乘以宽等等。这些现象有一个共同的特点：它们的变化规律是确定的，一定的条件必然导致某一结果，这种关系可以用公式或者定律来表示。然而对于随机现象，很难用一个确定的公式来描述其变化特征，但是随机性中仍然蕴含着规律性。

在随机现象中,抛掷一枚骰子,骰子的六个面上分别刻有 1 到 6 的点数。考虑以下这些问题:

可能出现哪些点数?

出现的点数大于 0 吗?

出现的点数会是 7 吗?

我们可以在同样条件下重复进行掷骰子实验。从实验结果可以发现:

每次掷骰子的结果不一定相同,从 1 到 6 的每一个点数都可能出现,所有可能的点数共有 6 种,但是事先不能预料掷一次骰子会出现哪一种结果;

出现的点数肯定大于 0;

出现的点数绝对不会是 7。

在一定的条件下,有些事件必然会发生。例如"出现的点数大于 0",这样的事件称为必然事件。相反的,有些事件必然不会发生,例如"出现的点数是 7",这样的事件称为不可能事件。必然事件和不可能事件都是确定的。

然而,在一定的条件下,有些事件有可能发生,也有可能不发生,事先无法确定。这类可能发生也可能不发生的事件,称为**随机事件**。我们生活的世界,充满了不确定性。例如,任意抛掷一枚硬币,"正面朝上"是随机事件,它可能发生,也可能不发生;拨打查号台,"线路接通"是随机事件,它可能发生,也可能不发生(占线)。人们虽然能够精确地预测尚未发生的确定现象,却难以预测尚未发生的随机现象。我们人类就生活在这种随机事件的海洋里。可以利用图 1-1 来表示事件发生的可能性:

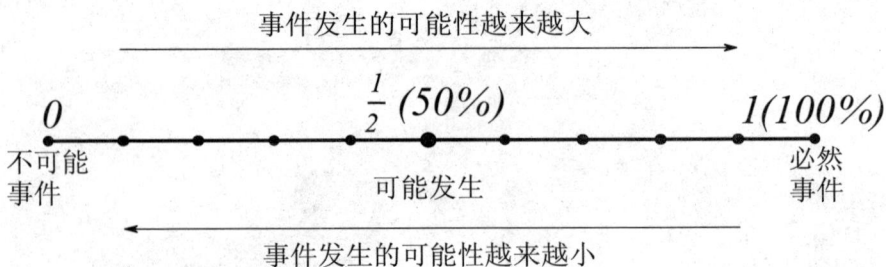

图 1-1

一般地说,随机事件发生的可能性是有大小的,不同的随机事件发生的可能性的大小有可能不同。

在我们的日常生活中有多种有关可能性大小的说法。你能举出一些例子吗?

例如新生婴儿可能为男孩,也可能为女孩,但生男孩的可能性可以用男孩出生率来度量;购买彩票后可能中奖,可能不中奖,但中奖的可能性大小可以用中奖率来度量;抽取一个产品可能为合格品,也可能为不合格品,但产品质量可以用不合格品率来度量。于是,我们把可能性大小的数量表示叫做**概率**。

在我国古代历史故事中,也蕴含了不少的随机现象,闪现出古人智慧的光芒。我们先来看一则寓言故事①:

从前,楚国有一个名叫养由基的人,是一个射箭能手,他距离柳树一百步放箭射击,每箭都射中柳叶的中心,百发百中,左右看的人都说射得很

---

① 出自于《战国策·西周策》:"楚有养由基者,善射,去柳叶百步而射之,百发百中。"

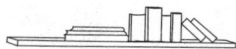

好,可是一个过路的人却说:"这个人,可以教他该怎样射了。"养由基听了这话,心里很不舒服,就说:"大家都说我射得好,你竟说可以教我射了,你为什么不来替我射那柳叶呢!"那个人说:"我不能教你怎样伸左臂屈右臂的射箭本领;不过你有没有想过,你射柳叶百发百中,但是却不善于调养气息,等一会疲倦了,一箭射不中,就会前功尽弃。"

寓言故事中养由基"百发百中"的神奇箭术让我们羡慕不已,然而在现实生活中却很难办到。即使对于一个射箭高手来说,"百发百中"的可能性也是微乎其微的,大约只有千万分之一左右。

在这个寓言故事中,"百发百中"的可能性的大小,也就是前面所说的"概率",是人们根据经验对该事件发生的可能性所给出的个人信念。这样给出的概率称为主观概率。

这种利用经验来确定随机事件发生的可能性大小的例子在生活中是很多的,人们也常常依据某些主观概率来行事。

在天气预报中,往往会说:"明天下雨的概率为90%",这是气象专家根据气象专业知识和最近的气象情况给出的主观概率。

听到这一信息的人,大多会出门带伞。

一个外科医生根据自己多年的临床经验和一位患者的病情,认为"此手术成功"的可能性为90%。

一个教师根据自己多年的教学经验和甲、乙两学生的学习情况，认为"甲学生能考上大学"的可能性为95%，"乙学生能考上大学"的可能性为40%。

由此可知，主观概率与主观臆造有着本质的不同，前者要求当事人对所考察的事件有透彻的了解和丰富的经验，甚至是这一行的专家，并能对历史信息和当时信息进行仔细分析，如此确定的主观概率是可信的。从某种意义上说，不利用这些丰富的经验也是一种浪费。

同时，用主观方法得出的随机事件发生的可能性大小，本质上是对随机事件概率的一种推断和估计。虽然结论的精确性有待实践的检验和修正，但结论的可信性在统计意义上是有价值的。

在遇到的随机现象无法大量重复时，用主观方法去做决策和判断是可行的。

当然，我们更期待得到的是随机事件发生的可能性的具体量化。下面我们再来看一个历史上真正的"百发百中"的故事。

我们知道，把一枚硬币掷上高空，掉下来的时候是正面朝上还是反面朝上，是一个随机事件，它们出现的可能性均等（将硬币视为质地均匀）。如果现在有人拿了100枚硬币，将它们同时抛向天空，掉下时正面全部朝上的可能性有多大？凭我们的生活经验知道，这几乎是不可能出现的。可是曾经有人利用这一基本不可能出现的事件，赢得了一场战争的胜利。

1053年，北宋大将狄青奉旨征讨侬智高。因为当时南方有崇拜鬼神的风俗，所以大军刚到桂林以南，他便设坛拜神。拿了100枚铜币向神许

愿,说:

> 如果这次出征能够打败敌人,那么把这些铜币扔到地上,钱面必然会全部朝上。

左右官员都诚惶诚恐,力劝主帅放弃这个念头。因为经验告诉他们,这种尝试注定要失败的。可是,狄青对此全然不理。在千万人的注视下,他突然举手一挥,把铜币全部扔到地上。结果这100枚铜币的正面,竟然鬼使神差般的全部朝上。这时,全军欢呼,声音响彻山村。狄青命令左右取来100枚钉子,按照钱孔落地的位置,用钉子把钱币牢牢钉在地上,并向天祈祷:"等待凯旋归来,定将酬谢神灵,收回铜钱。"

由于士兵个个认为有神灵保佑,战斗中奋勇争先。等到班师回朝的时候,按原先的约定,到祭神的地方收回钱币,这时官兵们才发现,原来那些铜币两面都是正面的图案。聪明的狄青,把人们心目中认为不可能的事件,变成了必然事件,从而赢得了战争的胜利。

在这个案例中,狄青巧妙地改变条件(把钱币的两面都刻上同一图案),将随机现象(或事件)变成了必然现象(或事件),取得了意想不到的成功。在阅读本书时,你可要随时注意问题或试验的条件啊!

> 在我们的日常生活中有多种有关可能性大小的说法。你能举出一些例子吗?

再说一个有趣的故事:传说古代有一个阴险狡诈的国王。一次,他抓到一个反对者,决意要将他处死。虽说国王心中早已打定主意,然而嘴上却假惺惺地说:"让上帝的旨意决定这个可怜人的命运吧! 我允许他在临刑前说一句话。如果他讲的是真话,那么他将受刀斩;如果他讲的是假话,那么他将被绞死;只有他的话使我缄默不言,才是上帝的旨意让我赦免他。"

在这番冠冕堂皇的话语背后,国王的如意算盘是:尽管话是由你讲,但判定真话、假话的权力在我这里。的确,如果判断的前提只凭国王孤立的一句话,那么这位反对者是必死无疑了。然而,聪明的囚犯说了一句话,国王顿时哑口无言。

你能猜到他说了什么吗?

犯人所说的话是:"我将被绞死。"对这句话国王能怎么判断呢?

> 如果这句话是"真话",那么按规定犯人应当被处斩,然而犯人说的是自己"将被绞死",因而显然不能算为真话。

> 如果这句话是"假话",那么按照假话的规定,犯人将受绞刑,但犯人恰恰就是说自己"将被绞死"。

由于国王无法自圆其说,只好放了犯人。而犯人正是考虑到在一同前提下的必然事件,在另一种前提下变成了不可能事件为自己脱困!

还有一个故事,也是由于主人翁的智慧而将一个不利的必然事件转变成了另一个有利的必然事件:

相传古代有个王国,由于崇尚迷信,世代沿袭着一条奇特的法规:凡是死因,在临刑前都要抽一次生死签。即在两张小纸片上分别写着"生"和"死"的字样,由执法官监督,让犯人当众抽签。如果抽到"死"字的签,则立即处决;如果抽到"活"字的签,则认为是神的旨意,应予当场赦免。

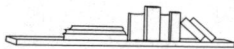

有一次国王决定处死一名大臣。这名大臣因不满国王的残暴统治而替老百姓讲了几句公道话,因此得罪了国王。国王决心不让这名敢于"犯上"的臣下得到半点赦免的机会。于是,他与几名心腹密谋:暗中要求执法官把"生死签"的两张签纸都写成"死"字。这样,不管犯人抽的是哪张,最终都难免一死。

世界上没有不透风的墙,大臣很快知道了国王的诡计。如果你是这名大臣,应该如何解救自己呢?

在抽签当日,我迅速抽出一张签纸吞进肚子里。要求查看剩下的签是什么字。当然写着"死"字!那就意味着我抽到的签应该是"活"字。

就这样,国王和执法官有口难言,由于怕触犯众怒,只好当场赦免了囚臣。

本来这位囚臣抽生死签这件事是一个随机事件,每一种的可能性各占一半。但由于国王机关算尽,想把这种"有一半可能死"的随机事件,变为"一定死"的必然事件,终于搬起石头砸自己的脚,使得囚臣死里逃生了。

由此可见,我们生活的现实世界和社会环境中,无时无刻不面对不确定性,常言道"天有不测风云,人有旦夕祸福",风险无处不在,无时不有。对不确定性的量化是做出决策的基础,概率论为解决不确定性问题提供了有效的理论和方法。因此,它有着广泛而重要的应用价值,使我们以新的方式来看待和思考世界。

气象学不是一门精确的科学,因此天气预报不得不用缺乏精确性的语言进行播报。下面是气象台关于某地区从 2013 年 9 月 23 日至 10 月 2 日的天气预报:

整个这段时间内低气压预期会影响北部和西部地区。整个南部地区在第一个周末有时可能会有阵雨,东部大部分地区可能是晴朗的天气。中部和西部的大部分地区天气多变,时而阵雨冰雹,时而持续下雨,有时还伴有强风。然而,在来自南方的强大气流控制下,天气预计将变得更加炎热,东部地区将持续晴热天气。

你能指出这个报告中所有缺乏确切性的部分吗?

你是不是开始感受到,在可能性这个奇妙的世界当中,蕴含了许多智慧的果实呢?下面我们就开始本书的神奇之旅吧!

(本章部分内容改编自张远南《概率和方程的故事》,致以感谢)

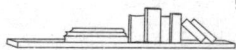

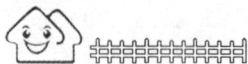

第二章

随机性游戏产生的问题

赌博和运气源于时间之始,那时主神宙斯、海神波赛冬与冥神哈德斯以抽签来分享宇宙。

——希腊史诗作者荷马

010

一、从骰子游戏谈起

骰子,亦作色子,为一正多面体,通常作为桌上游戏的小道具,最常见的骰子是六面骰,它是一颗正立方体,上面分别有一到六个孔(或数字),其相对两面之数字和必为七。

骰子

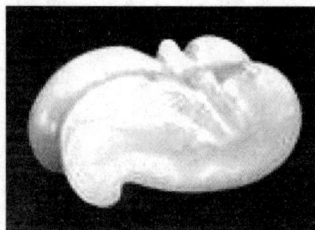

动物距骨

据考证,骰子的前身应为动物的距骨。像羊、鹿等有蹄动物,其距骨近似于 16 立方厘米的立方体,横断面两端都呈圆形,一端稍凸,另一端稍凹,其中基本无骨髓,因而坚硬耐磨,可擦得很亮。掷距骨时,它能以四个容易分辨的面的任一面着地。在史前遗址挖掘中,经常发现一大堆距骨和有颜色的小石子。可推测其用途为计数或占卜。在古埃及第一王朝(约公元前 3500 年)以前,距骨已用于游戏中,其中一个游戏是用人作棋子,人在棋盘上移动的步数由抛掷距骨的下落情况来决定。在一幅埃及的墓穴画中,一个棋盘放置在一个贵族面前,一块距骨在抛掷前巧妙地平衡在其手指上。不幸的是,图画是这些早期游戏的唯一记录,我们无法知道游戏规则,也不知道如何解释通过掷距骨产生的游戏模式。

我们知道游戏规则的最早的一个机会游戏是美索不达米亚的一个游戏。美索不达米亚文明是历史上最早的有文字的文明之一。我们从这个文明发现的最早的书写记录大约有五千年的历史。巴比伦是美索不达米亚最著名的一个城市,另一个重要城市是乌尔。20 世纪早期,考古学家在乌尔挖掘古墓时,发现了一块游戏板,它和使用它的人埋葬在一起。制作精巧的游戏板大约有 4500 年的历史。我们可以肯定它是游戏板,甚至知道游戏规则,因为人们同时发现了古代的游戏书。游戏叫"20 方块"。两个人玩,每人依靠运气和一点策略来赢得游戏。运气是指,通过扔"骰子"决定每人能移动多少个方块。技巧则包括选择哪个方块移动。对我们而言重要的是,这个游戏产生了或多或少的偶然性,因为每个游戏者能移动的空间由投掷一组"骰子"决定。

几千年来,世界各地的人们都玩过 20 方块游戏,其中包括埃及、印度和美索不达米亚。它是最流行的游戏之一。然而,没有任何迹象表明,有人为了在游戏中获胜,而根据"骰子"的一些结果出现的可能性大小来设计理想的游戏策略。

在 20 方块游戏发明了 2500 年后,美索不达米亚文明逐渐衰落。后来统治这一地区的是罗马人,古罗马居民热衷赌博。赌博或胜或负,可以被看成是去掉棋盘的机会游戏。技巧成为一个因素,参与者仅仅对投掷结果打赌。

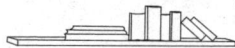

约在公元前 1200 年，一种刻有标记的立方体骰子已产生了。第一个原始的骰子很可能就是将距骨的两相对圆面磨平而得。此时骰子的各个面已被钻了一些浅的小凹坑做成不同的标记。

但是，和现在一样，赌博与许多社会问题有关。因此，罗马人曾有严格的法律禁止在某些特定节日赌博。这些法律被普遍忽视，一些皇帝是最糟糕的违禁者。罗马皇帝奥古斯都（Augustus，公元前 63—公元 14 年）和维特里乌斯（Vitellius，15—69 年）就是出了名的赌徒。他们喜欢看一次次投掷距骨时出现的随机模式——在产生随机模式的器具中，距骨比骰子更流行；他们还喜欢猜中结果时的喝彩声。

奥古斯都

维特里乌斯

游戏的规则十分简单。一个流行的游戏是"抛掷"几块距骨。当一个玩家扔出的结果不是幸运组合时，他或她就得把钱放到指定的罐子里。游戏一直进行下去，每个玩家都把钱放到罐子里，直到有人扔出"幸运的"距骨组合，这样他就赢得了罐子里所有的钱，然后游戏重新开始。似乎罗马人对深入思考随机性一点都不感兴趣，虽然他们有足够多的机会这样做。下面一段话摘自奥古斯都皇帝写给他的朋友的一封信，描述了自己如何度过一个节日的：

亲爱的泰比里厄斯，我们非常愉快地度过了 *Quinquatria*①，整整一天都

---

① 是纪念罗马女神 Minerva 的节日，她掌管着智慧、工艺和战争。

在玩,没让赌板闲过。你的哥哥对自己的运气大惊小怪,其实总的来说他没输太多;在损失惨重之后,他出人意料地逐渐赢回了赌注。至于我,损失了两万赛斯特斯①,但是和以前一样,这是因为我极度大方。如果我要每个人交上我放弃的赌金,或者保留自己分发的赌注,那么我完全能赢五万。但是我更喜欢这样,因为我的慷慨将使我获得不朽的光荣。

在古代,距骨、骰子、抽签及其他随机发生器也用来帮助人们做决定。人们列出各种可能的行为,给每个行为分配一个数或模式;然后掷骰子或掷距骨,并记录下结果。最后根据结果决定采取哪个行为。这种做决定的方式通常与宗教活动有关,因为参与者把结果看成神的启示。通过使用我们称之为随机发生器的装置,需要做出决定的人放弃了对局势的控制,而是让他的神来控制局势。对做决定的方式的解释并不限于古代。今天许多人仍然认为,通常所说的偶然行为实际上是神的体现。

拓展阅读

占卜的偶然性和宗教

现在,在非洲西部的布基纳法索(*Burkina Faso*,意思是诚实的土地)生活着的一群人,被称为洛比人。洛比人的传统信仰是,一些男人和少数几个女人能和一种通称"西拉"的神秘物质进行交流,这些人就是"卜者"。洛比人就各种话题向西拉求教,但是只能在卜者的帮助下才能和西拉联络。在洛比人的社会里,卜者的作用十分有趣,有些方式甚至令人兴奋。在我们看来,卜者与西拉的交流方法很有意思。在仪式的某个时刻,卜者问西拉一些问题,确保他自己占卜正确。卜者用贝壳构成随机模式。贝壳有两个面,一面是凹的,另一面是凸的。因此贝壳既可以凹面朝上放,也可以凸

---

① 古罗马的货币单位。

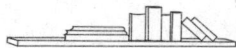

骰子掷出的学问——概率

面朝上放。没有其他可能的放置方式。卜者滚动两个或更多的贝壳。如果一个落下时凹面向上，其他所有贝壳凸面向上，那么这种模式就解释为西拉认可的答案。如果滚动贝壳出现其他任何结果，就被理解为西拉否定的答案。如果我们用随机的观点选择，就能用随机的方式理解卜者的确认过程。这是一个很好的例子，它说明了我们所理解的随机模式如何被其他人解释为与偶然性毫无关系的结果。相反，偶然性成了神直接与卜者交流的机会。

想想看，这与我国古代的铜钱放在龟壳里占卜的方式有异曲同工之妙吧！

二、如何判断游戏是否公平

在我国古代的一些游戏中，设计者们就早已经考虑到了随机事件出现的可能性问题，即游戏的公平性。下面就给大家介绍一种唐朝民间流行的行酒令游戏：

我们先来欣赏一首古诗，来自于唐朝诗人李商隐的《无题》：

昨夜星辰昨夜风，
画楼西畔桂堂东。

身无彩凤双飞翼，

心有灵犀一点通。

隔座送钩春酒暖，

分曹射覆蜡灯红。

嗟余听鼓应官去，

走马兰台类转蓬。

李商隐《无题》诗词章典丽，音调和谐，对仗工整，构思新颖，在唐诗中独具特色。但是他的诗也隐喻迷离，索解困难。

此诗似写作者参加皇家豪族的盛大宴会后抒发自己仕途坎坷的寂寞之感，文中也穿插了爱情。其中"身无彩凤双飞翼，心有灵犀一点通"成为歌咏爱情的千古名句，揭示出心灵的感受相通，认识深刻，比喻巧妙。

同时，诗中还谈到了两种游戏——"送钩"和"射覆"。

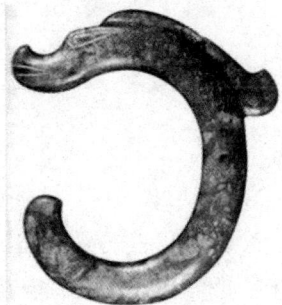

游戏中的玉钩

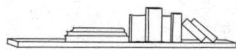

"送钩"又名"藏钩",是一种将玉钩藏于手中让人猜的游戏。相传汉武帝的钩弋夫人少年时双手蜷曲,不能伸展,武帝亲自给她掰开,得一玉钩,她的手从此就能伸展自如了。后人根据这段传说设计了一种"藏钩"的游戏。"射覆"也是一种猜物的游戏,即把东西覆盖在器皿下让人猜。因此,"隔座送钩春酒暖,分曹射覆蜡灯红"的大意就是:饮酒之后,客人又分成两组做"送钩"和"射覆"的游戏。两种游戏的具体规则是怎样的,似乎已经难以考证了。然而却可以从数学的角度做一点抽象的议论。

凡是双方对抗性的游戏,不管它的形式和内容如何,都应遵守一个重要的原则,那就是,双方获胜的可能性是相等的。只有这样,才能引起游戏双方的兴趣。如果游戏的一方总是坐赢不输,或者获胜的可能性远远大于失败的可能性,那么这样的游戏就很难引起双方的兴趣,游戏将无法继续下去。

因此,我们不妨尝试着还原"猜钩"游戏的一种规则:

游戏规则

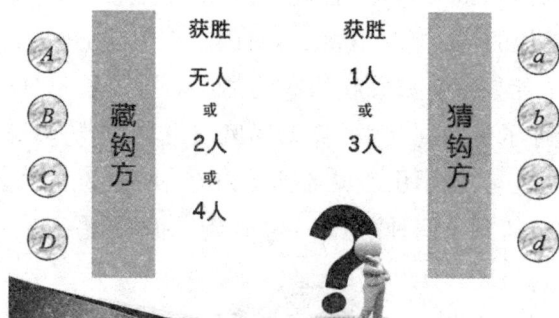

图 2-1　猜钩游戏规则

假设酒桌共有 8 人,均分为 2 组,每组 4 人。一组藏钩,用大写字母 A,B,C,D 来表示;另一组猜钩,用相应的小写字母来表示。藏钩方取两只玉钩分别藏于其中两人之手,然后让猜钩方去猜玉钩在谁的手里,每人只允许猜一个人,并且猜钩方的人事前不得有任何商量或默契。

如果有奇数个人(1 个或 3 个)猜对了,就算猜钩的一方获胜;如果有偶数个人(无人或 2 人或 4 人)猜中了,就算藏钩的一方获得胜利。

在这一游戏规则下,你认为对哪一方有利一些? 如果让你参加游戏,你是选择藏钩方还是猜钩方?

其实用数学方法可以证明:这样的游戏规则,对双方都是公平的!

先用列举法将双方获胜的全部可能情况一一陈列出来:

<table>
<tr><td colspan="2">**藏钩方获胜**</td><td colspan="2">**猜钩方获胜**</td></tr>
<tr><td>猜中</td><td>没猜中</td><td>猜中</td><td>没猜中</td></tr>
<tr><td colspan="2">**无人猜中:**</td><td colspan="2">**一人猜中:**</td></tr>
<tr><td>/</td><td>a,b,c,d</td><td></td><td></td></tr>
<tr><td colspan="2">**二人猜中:**</td><td>a,</td><td>b,c,d</td></tr>
<tr><td></td><td></td><td>b,</td><td>a,c,d</td></tr>
<tr><td>a,b,</td><td>c,d</td><td>c,</td><td>a,b,d</td></tr>
<tr><td>a,c,</td><td>b,d</td><td>d,</td><td>a,b,c</td></tr>
<tr><td>a,d,</td><td>b,c</td><td colspan="2">**三人猜中:**</td></tr>
<tr><td>b,c,</td><td>a,d</td><td></td><td></td></tr>
<tr><td>b,d,</td><td>a,c</td><td>b,c,d,</td><td>a</td></tr>
<tr><td>c,d,</td><td>a,b</td><td>a,c,d,</td><td>b</td></tr>
<tr><td colspan="2">**四人猜中:**</td><td>a,b,d,</td><td>c</td></tr>
<tr><td>a,b,c,d,</td><td>/</td><td>a,b,c,</td><td>d</td></tr>
</table>

图 2-2 双方获胜可能情况

不难看出,双方获胜的全部可能情况均为 8 种,这说明他们获胜的可能性均等[①],因而这种游戏规则对双方都是公平的。

> 如果只有 1 只玉钩藏于四人之中,游戏还公平吗?

---

① 其中涉及到概率的古典定义,后面会详细叙述。

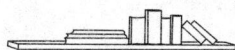

接下来要说一个在我国拥有几千年历史的游戏——打麻将。最初打麻将是宫廷里的一种游戏,逐步传到民间,经过长期的演变,到明朝已形成如今的玩法。有人说是明朝江苏泰仓的一个粮仓里的一些人把它定为条、筒、万各 36 张,东、南、西、北、中、发、白各 4 张,共计 136 张牌的模式。也有人说是郑和在下西洋的船上为了打发无聊的时间,常与手下人打牌而逐步形成 136 张牌的模式。今天,它不仅风靡全国,而且传遍世界,像象棋、围棋等运动项目一样,还定期举行国际比赛。打麻将特别受到老年人的喜爱,因为它不仅可以健身健脑,而且还可以打发退休后的时间。

图 2-3

上面两种说法哪一种正确呢?

掷两枚骰子出现的点数之和可能是 2,3,4,5,6,7,8,9,10,11,12 中的一种。而这 11 个数出现的可能频数分别如表 2-1 所示:

表 2 - 1

点数之和	2	3	4	5	6	7	8	9	10	11	12
可能情况	1＋1	1＋2 2＋1	1＋3 2＋2 3＋1	1＋4 2＋3 3＋2 4＋1	1＋5 2＋4 3＋3 4＋2 5＋1	1＋6 2＋5 3＋4 4＋3 5＋2 6＋1	2＋6 3＋5 4＋4 5＋3 6＋2	3＋6 4＋5 5＋4 6＋3	4＋6 5＋5 6＋4	5＋6 6＋5	6＋6

由表可知,如果由南家掷两枚骰子定庄,当点数和为 5 或 9 时,则由南家坐庄,而与 5 和 9 对应的可能情况数是 4 和 4,它们的和为 8;当点数和为 2 或 6 或 10 时,则东家坐庄,而与 2,6,10 对应的可能情况数分别是 1,5,3,这 3 个数之和为 9;当点数和为 3 或 7 或 11 时,则由北家坐庄,而与 3,7,11 对应的可能情况数分别是 2,6,2,这 3 个数之和为 10;当点数之和为 4 或 8 或 12 时,则由西家坐庄,而与 4,8,12 对应的可能情况数分别是 3,5,1,这 3 个数和为 9。

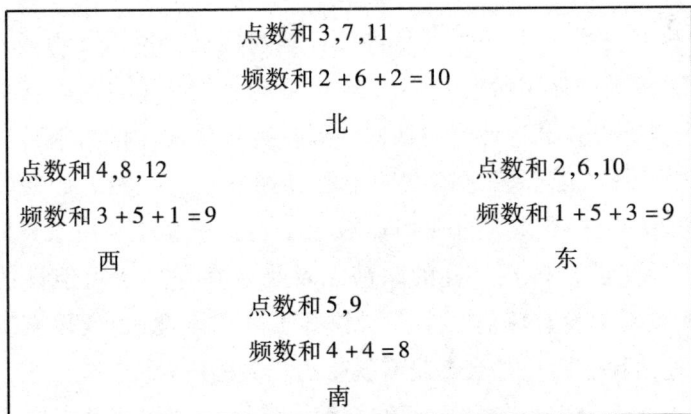

点数和 3,7,11

频数和 2＋6＋2＝10

北

点数和 4,8,12

频数和 3＋5＋1＝9

西

点数和 2,6,10

频数和 1＋5＋3＝9

东

点数和 5,9

频数和 4＋4＝8

南

图 2 - 4

因此,最后的结论是:请对家掷骰子对自己坐庄最有利!

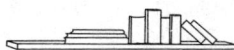

那么如果掷3枚骰子定庄，请哪家掷对自己坐庄最有利呢？4枚呢？

三、赌金分配引起的概率思考

之前我们提到，随机发生器是古代也是现代社会的重要组成部分。因为赌博是最古老的休闲活动之一，所以很可能人们在远古时代赌博的经验基础上，至少拥有在某一赌局中如何计算特定事件发生的可能性大小的模糊的观念。骰子在若干古老的文明中已经被发现。虽然人们并非总能确定这些骰子的用途，但它们非常可能被用于预测未来以及用于赌博。遗憾的是，关于如何进行各式各样的赌博以及是否存在关于可能性的任何计算，在这些文明中没有任何文字资料保存下来。因此，古代没有发展出随机理论。任何一个古代社会都没有诞生出相关的内容。

这并不是因为古人的数学不够精深。实际上很多人都精通数学。主要是因为随机理论在早期发展中存在一些困难：

第一个本质困难是技术障碍。在古代，主要的随机发生器通常是距骨，而距骨的结构并非完全对称。它的形状不规则。更重要的是，距骨的形状和质量的分布在很大程度上依赖动物的寿命和种类。所以，各种结果出现的频率依赖于所用的特定距骨。在游戏过程中改变距骨就等于改变了游戏，因为这一变化也改变了结果的频率。距骨不可能像现在的骰子一样能获得统一的数据。距骨不对称这一事实，可能抑制了在此基础上的随机理论的发展。这必然限制了随机理论的应用性。

而现在的骰子结构对称：一个制作完美的骰子是立方体，质量完全均匀分布，因此，这样的骰子每一面朝上的机会都相等。这就是所谓的公平骰子。多次投掷骰子获得的所有结果的频率①一样。这种稳定性使人们可以把对频率的理论预测与投掷任一骰子的观察数据相比较，因为对每一个骰子适用的结果对其他骰子也适用。好的近似提供了对理想概念的精确物理表示。匀称的骰子代替了距骨，精美的纸牌更容易买到，这些就可能诞生基于"公平的"随机发生器的随机理论。另外，赌徒对随机理论的潜在价值也抱有相当大的兴趣。

第二个障碍是古人对随机过程能帮助人们做决定的理解不同于现代人。古人认为随机结果实际上是神的意志的表现，因此他不会真正相信行为是完全偶然的，没有必要寻找事情出现的稳定的频率，它们毫无意义。神灵决定了一切，所以不论过去的数据说明什么，未来的频率总可能发生变化。而这种障碍表现得更为深刻，因为这是观念上的困难。直到数学家们开始抛弃向神祈祷或运气的想法，随机理论才开始发展。

中世纪晚期欧洲出现了一些同骰子游戏有关的基本的随机思想。例如，有若干计算两枚或三枚骰子可以掷出的不同方式数的记录，两枚骰子时为 21 种，3 枚时是 56 种。假定不考虑这些点出现的顺序，这些数字是正确的。两枚骰子的情形如表 2－2 所示：

_____

① 在相同条件下，进行了 n 次实验，在这 n 次实验中，事件 A 发生的次数 $n(A)$ 称为事件 A 发生的频数。比值 $n(A)/n$ 称为事件 A 发生的频率。

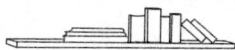

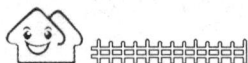

表 2 - 2

点数之和	2	3	4	5	6	7	8	9	10	11	12
种数	1 + 1	1 + 2	1 + 3 2 + 2	1 + 4 2 + 3	1 + 5 2 + 4 3 + 3	1 + 6 2 + 5 3 + 4	2 + 6 3 + 5 4 + 4	3 + 6 4 + 5	4 + 6 5 + 5	5 + 6	6 + 6

　　用现代的说法,这些方式不是"等可能的",因而不能用作计算胜算的依据。但是计算骰子能掷出的方式的多少,可能出自更早时期的骰子在占卜中的应用,在占卜中骰子掷出的实际结果决定未来而并不牵扯到胜负比。现存最早的关于 3 枚骰子可以掷出的 56 种方式不是等可能的记述,出现在一首作者不详的拉丁诗歌《维图拉》中,这首诗大约完成于 1200—1400 年间:"如果 3 枚骰子点数一样,对每个点数就只有一种方式;如果有 2 枚骰子点数一样而另一枚不一样,则有 3 种方式;如果 3 枚都不一样就有 6 种方式。"根据提到过的规则对具体情况的分析表明 3 枚骰子可以掷出的总的方式为 56 种。

> 你能写出3枚骰子时的56种情况吗?

　　15 世纪意大利数学家卢卡·帕乔利[①]在他的著作《算术、几何及比例性质摘要》中曾经提过这样的问题:

---

　　① Pacioli,Luca(1454—1514)意大利人。他是数学家,又是修道士。曾先后在罗马、那不勒斯、佛罗伦萨、波伦亚、威尼斯等地教数学。

卢卡·帕乔利

有两个人（甲和乙，假定两人赌技相当）在进行一场公平的赌博，他们各出 36 枚金币共 72 枚作为赌注，赌局将在一个人赢过 6 轮后结束。赌博实际在一个人赢 5 轮而另一个人赢 4 轮时中断。此时应该如何分配赌金？

注：假定赌博过程中不存在平局的情况。

能给出一个你认为最公平的分配方法吗？

其实，帕乔利提出的这个问题在数学史上叫做分赌注问题，它是一个非常著名的数学问题，在历史上曾经有过不少的解决方案。我们接下来就介绍其中最具代表性的四种：

方案A

根据已知，甲胜 5 局而乙胜 4 局，显然甲获得最终胜利的可能性较大。于是，可以根据甲乙两人胜局数之比，即 5:4 来分配赌金。所以甲分到 40 枚金币，乙分到 32 枚金币。

赌金分配 5:4

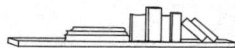

骰子掷出的学问——概率

方案B

我们也可以反过来想：比赛若不中止，甲只需要再赢1局即可获得最终胜利，乙则需要赢2局；显然，离全胜所差的局数越少，获胜的可能性就越大。所以，也可以考虑根据甲乙两人待胜局局数的反比，1:2的反比，即2:1来进行赌金分配。于是甲分到48枚金币，乙分到24枚金币。

赌金分配 2:1

方案C

继续往下分析。赌博中途停止了，继而使得比赛最终结果不能确定，双方均有可能获胜，从而导致了赌金分配存在争议！

此时，甲离全胜只差一局！因此，不妨假设比赛继续进行下去，先增加一局，产生两种可能情况：要么甲胜，要么甲负。

$$\begin{cases} 甲胜 & 他将赢得6局比赛，继而拿走全部的赌金 \\ 甲负 & 此时甲乙胜局比为5:5，那么甲应该分得一半赌金 \end{cases}$$

所以，在已知条件下，$\begin{cases} 甲胜 & 甲将分得72枚金币 \\ 甲负 & 甲将分得36枚金币 \end{cases}$。于是，方案C认为可以这样分配赌金：先将赌金中的一半36枚金币分给甲，剩下的一半，可能甲得，也可能乙得，由于两人的赌技相当，所以获胜的机会均等，平分；即

$$\begin{cases} 甲 & 36+18 \\ 乙 & 18 \end{cases}。$$

赌金分配 3:1

方案D

在方案C的基础上，假设比赛继续进行下去，先增加一局，产生两种可能结果：

$$\begin{cases} \text{甲胜} & \text{他将赢得最终比赛} \\ \text{甲负} & \text{此时甲乙胜局数比为 5 : 5, 按照比赛规则还是不能决出胜负} \end{cases}$$

我们再次抓住"甲离全胜只差一局"这个关键点,尝试再增加一局比赛,结果如下:

$$\begin{cases} \text{甲胜} \begin{cases} \text{甲胜(赢)} \\ \text{甲负(赢)} \end{cases} \\ \text{甲负} \begin{cases} \text{甲胜(赢)} \\ \text{甲负(输)} \end{cases} \end{cases}$$

我们发现,在四种可能结果中,甲在前 3 种情况下共获胜 6 次,按约定应获得全部赌金,只有最后一种可能结果是甲在连败两局的情况下,乙获得最终的胜利。因此,甲获胜的可能性为 $\dfrac{3}{4}$,而乙为 $\dfrac{1}{4}$。

赌金分配 3 : 1

现在,我们不妨来回顾一下这4个方案,它们之间有什么区别和联系呢?

表 2 - 3

方案 A	方案 B		方案 C	方案 D
已胜局之比	待胜局反比		增加一局	增加两局
5 : 4	2 : 1		3 : 1	3 : 1

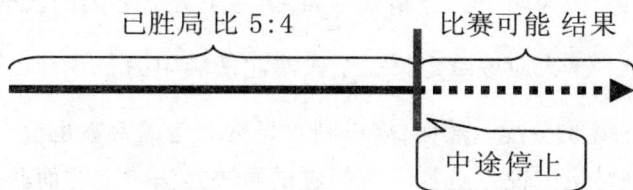

图 2 - 5

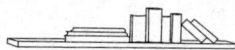

从图 2 - 5 中不难看出，其中方案 A、B 都是根据比赛停止之前已经进行的比赛结果来分配赌金的，考虑的是既定事实；而方案 C、D 则是分析比赛所有可能的结果，考虑的是最终赛果的随机性。

那么，究竟哪套方案才是最合理的呢？我们从历史中去寻找答案吧！

其实，上述的四套方案分别是数学历史上 15～17 世纪的数学家们为解决分赌注问题而做出的工作，其中反映了不同的数学思想方法，体现了他们如何在逆境中摸索前行！我们接下来来一一介绍：

方案A→

方案 A 的提出者就是分赌注问题的提出者本人，15 世纪意大利数学家帕乔利。他于 1494 年提出了分赌注问题继而给出了解决方案。但是对于其原因何在，帕乔利没有做出任何解释。之后 1556 年就被同为意大利的数学家塔塔利亚发现了其中的错误：如果比赛停止时一个参加者赢了一局而另一个赢了零局，第一个人将拿走全部赌注，这显然是不公平的结果。塔塔利亚争辩说，因为两个得分相差一局，第一个人需要赢的次数仅是第二个人的 $\frac{1}{2}$，第一个人应该拿走第二个人赌注份额中的 $\frac{1}{2}$，所以总的赌注应该按照 3:1 的比例分配。然而，塔塔利亚显然对他的答案也没有十分的把握，因为他在结论中说："这样一个问题的解决是法律上的而非数学上的，所以无论怎样分配都有理由上诉。"

	塔塔利亚(*Tartaglia Niccolo*,约 1500—1557)
人物小传	塔塔利亚,本名方塔纳,意大利人,出生于布列奇阿。通过自学掌握了拉丁文、希腊文和数学。1535 年前后取得了维罗纳的数学教席。当年因在与另一数学家菲奥尔的公开数学竞赛中获胜而名扬意大利。竞赛的题目是当时学术界尚未解决的解一般一元三次方程的问题。1539 年他将解法告诉

了卡尔丹。卡尔丹随后在 1454 年著的《大法》一书中公开了这一方法,这一方法被称为卡尔丹公式。

方案B➡

　　方案 B 的提出者是 16 世纪意大利数学家卡尔丹。不难看出,他已经开始意识到赌金的分配不应只依赖于已胜局,还应和赌徒离全胜所差的局数有关。然而待胜局是一个定值,比赛一旦继续下去胜负就不能确定。因此所给的解答仍然欠缺一定的合理性,但却向着正确的方向迈进了一步。

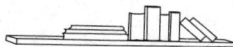

人物小传

卡尔丹（Cardano Girolamo, 1501—1576）

卡尔丹，意大利人。1501年9月24日生于帕维亚。他是一位来米兰讲授几何学的犹太人的私生子。曾就学于帕维亚和帕多瓦大学，开始学医，并获得医学学士学位。他曾开业行医，是闻名全欧的医生。但因为私生子而受歧视。1534年他作为数学教授在米兰、波伦亚几所大学任教。1562年还任波伦亚大学的医学教授。1570年他因给耶稣算命被控为异端罪入狱，但不久又获释。1576年9月21日在罗马逝世。

卡尔丹在数学上的贡献是与一般三次方程的求根公式联系在一起的。其实，该公式是他发誓不外泄才从塔塔利亚那里得来的。后来又失信于塔塔利亚，在所著《大法》一书中，于1545年公开发表了，于是他们从此为敌。

卡尔丹是个离奇的人物。一方面他是训练有素的科学家，其著作包括数学、天文学、医学和其他许多学科，还有道德格言；另一方面，他又相信占星术、符咒、手相术、吉凶之兆和迷信，而且脾气暴躁，报复心重，好强自负，甚至还赌博。人们对他毁誉不一，他本人在晚年写的《我的生平》一书中，也是赞扬同时又贬低自己。

卡尔丹花了大量精力思考机会游戏。在《游戏机遇的学说》中，他提到骰子、纸板、距骨、十五子棋。他开始用新的方法思考古老的问题。当提到骰子时，他头脑中的骰子是理想的或公平的。

一枚被展开的标准骰子，可以看出数字的相对位置。不过他清楚地看到，所喜欢的消遣活动有一定的数学基础，因为他从数学上比较了各种简单结果出现的可能性。

在历史上，除了这两位数学家，早期还有不少数学家试图根据已经进行的比赛结果进行赌金的分配，没有充分考虑到比赛最终结果的随机性，因此他们的解带有很大的猜测成分。但是，这些提前的探索工作却为后世的数学家正确地解决问题提供了基础！

方案C→

　　方案 C 的提出者是 17 世纪法国数学家帕斯卡，他在 1654 年与数学家费马的几封信中描述了他对分配问题的解法，若干年后他在《论算术三角形》的末尾又做了更为详细的叙述。他从适用于分配的两条基本原理开始。

　　第一，如果一个给定的参与人的处境是不论他赢或者输，某一数额都归他所有，则即使赌博中断时他也应该得到这一数额。

　　第二，如果两人的处境是，若一人赢，则某一数额归他；如果此人输，则该数额归对方，并且假定赢的机会均等，则他们在无法进行赌博时应该均分这一数额。

　　帕斯卡继而注意到决定赌注分割的是剩下的总局数以及依照规则每个参与人为获得全部赌注需要赢的局数。因此，如果他们在两胜制的赌博中战成 1:0，或者在 3 胜制的赌博中战成 2:1，或者在 11 胜制的赌博中战成 10:9，在中断时赌注分配的结果应该是一样的。在任何一个场合，第一个参与者都需要再赢一局，而第二个人则需要两局。

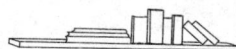

布莱西·帕斯卡（Blaise Pascal, 1623—1662）

　　帕斯卡，法国人。1623 年 6 月 19 日生于克勒芒。父亲是当时知名科学家，兼通数学，母亲也很有教养。自幼帕斯卡就受到良好的家庭教育。1631 年全家迁往巴黎。父亲经常带他去参加每周一次的默森学院（即法国科学院前身）的例会，并且在家亲自给帕斯卡授课。帕斯卡独自钻研几何学，竟然在 12 岁就自立定义，自行证明，得到了"三角形内角和等于两直角"等定理。从此，帕斯卡就开始从事数学研究。然而，帕斯卡放弃数学研究也过早。1652 年至 1654 年期间忙于社交，后来又转向宗教。也许是由于早年过于刻苦，帕斯卡 30 岁出头就常常失眠，疾病不断。1662 年 8 月 19 日在巴黎的皇家道德会逝世，年仅 39 岁。

　　帕斯卡对数学的贡献很多，尤其在射影几何、微积分和概率论等方面有开创性的成就。帕斯卡过早的放弃数学研究，这是与他的信仰分不开的。他一方面反对在科学上滥用权威，主张要符合理智；另一方面又反对在神学上使用理智，认为信仰比理智更高一层。以至于他在 1660 年 8 月 10 日给费马写信说：数学是对精神的最高锻炼，又是那么无用，学数学是件好事，但为此费力则不必。并且他还表示不愿为数学多走两步。

　　帕斯卡在物理学方面也有重要的贡献，他还是一位散文大师。1962 年世界和平理事会曾推举他为世界文化名人予以纪念！

　　帕斯卡在与费马的通信中，还讨论了在参与人多于两个时的问题，两人取得一致的解答。帕斯卡还简要地提及了另一个问题，确定投掷两枚骰子出现两个 6 点的机会达到 50% 需要的次数。他注意到在投掷一枚骰子的类似问题中，四次投掷出现一个 6 点的胜负比是 671∶625，但没有说明他计算出这一结果的方法。

　　帕斯卡支持对上帝的信仰的决策论式的论证，达到合理决策的方法。

按照帕斯卡的观点，上帝或者存在或者不存在。对两个命题哪个为真一个人只能进行"押宝"，这里押的宝就是他的行动。换句话说，一个人或者在行动上毫不在意上帝或者在行动上遵循上帝的旨意。一个人应该如何行动？

$$\begin{cases} 如果上帝不存在 & 如何行动就没有多大区别 \\ 如果上帝存在 & \begin{cases} 押上帝不存在将受到诅咒 \\ 押上帝存在将得到拯救 \end{cases} \end{cases}$$

显然后者的结局比前者要好无穷倍，这一决策问题的结论就很清楚，即使一个人相信上帝存在的可能性不大："理性"的人还是要像假定上帝存在那样行动。

方案D→

方案 D 的提出者正是帕斯卡的好友，法国数学家费马。在帕斯卡研究的基础上，假设比赛继续进行下去直至决出最终胜负，运用排列组合理论分别计算了甲乙两人获胜的可能性的大小。

费马（*Fermat Pierre de*, 1601—1665）

费马，法国人。1601年生于图卢兹附近的一个皮革商家庭。他学过法律，当过律师和图卢兹地方议会的议员。他特爱数学，把业余时间几乎全部用于研究数学。由于他的天赋和顽强钻研的精神，他在几何光学及数学的许多领域中都取得了丰硕成果，有"业余数学家之王"的称誉。费马的大多数工作是通过他写给朋友的信而流传于世的，他一生中只发表了很少几篇论文，大部分论文和著作是在他去世之后才发表的。

在数学方面。费马提出了许多重要定理，最著名的是费马大定理和费马小定理。费马大定理用现代语言来叙述就是：对于$n > 2$的整数，$x^n + y^n = z^n$方程没有整数解。费马小定理是1640年10月18日费马写给他朋友弗雷尼克的一封信中提出的。这个定理的现代表述是：若p是一个质数，而a与p互质，则$a^p - a$能被p整除。费马在数论方面提出的许多命题，虽然未看到他的证明，但这些命题的大多数已被18世纪的数学家证明是正确的。

费马是组合论的开拓者。他与帕斯卡为概率论的发展奠定了基础，并且为这一学科的应用开辟了广阔的领域。

我们常说"数学是问题的心脏"，而分赌注问题无疑是具有代表性的数学问题。数学家帕乔利在赌博的游戏中敏锐地发现了问题，继而提炼出数学问题，在之后漫长的历史时期中，经过不断的思考、探索、交流和讨论，最终解决了这个问题。而对于分赌注问题在当时的难点是——比赛最终结果的随机性，使得在当时的历史条件下，人们认为数学似乎无能为力了，因此没能正确地解决这个问题。直至17世纪的数学家帕斯卡和费马在研究问题的过程中，开始意识到随机事件的可能性是一种不随着人的主观意愿而改变的固有属性，能够运用数学的方法进行定量描述！尽管所使用的数学方法本身并不复杂，但是这种崭新的数学思想和方法对于当时乃至今天的数学学习都有着重要的意义和价值。

至此，帕斯卡和费马各自从不同的观点出发，都给出了问题正确的解，从而平息了分赌注问题在数学史上近两百年的争论！而概率论这门新兴的数学学科也伴随着分赌注问题的发现、提出、分析、解决的过程而诞生了。在历史上通常将两人之间于 1654 年 7 月 29 日的第三封通信视为概率论的生日。

帕斯卡与费马用数学演绎法和排列组合理论得出了分赌注问题的正确的解。圆满合作使得两人建立了深厚友谊，彼此欣赏对方的才华。在 1660 年 7 月的信中，费马热情洋溢地邀请帕斯卡会面，"我非常想热烈地拥抱你，并奢望和你聊上几天几夜"。在 8 月 10 日的回信中，帕斯卡表达了对费马的尊重，"一旦身体允许，我立刻就会飞到图卢兹，绝不会让您为我迈出一步"。然而最终两人未能见面。

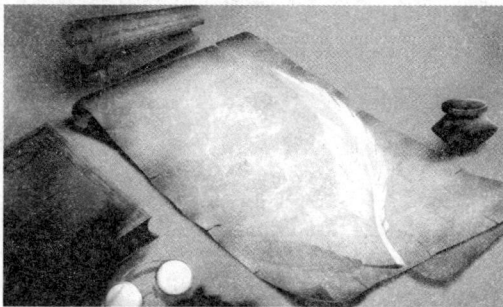

值得注意的是，我们还不能过高评价费马和帕斯卡的工作。虽然他们解决了一组独立的问题，但是没有发展出一套普遍的理论。如果考虑到他们从事这些问题的时间那么短暂，对此就不奇怪了。事实上，直到 20 世纪，数学家们才深入研究了概率论的基本思想。

拓展阅读

分配赌金的另一种解释

早期概率论中最重要的一个问题是分配赌金问题，它通常被描述成下

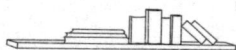

述形式：

两个人开始赌博。他们对结果下同样的赌注。所有的钱归获胜的一方。但是没到出现最后结果的时候，赌博被打断。这时，其中一个人领先。该如何分配赌金呢？

这个问题被描述成由于人们对赌博的兴趣而产生的一类问题，但是还有让我们感兴趣的另一种解释。一些学者认为，赌金分配问题是由广泛关注的经济问题催生的。文艺复兴时期，贷款人和商人开始创建更复杂的金融体系。贷款人借钱给商人做生意，希望商人将来能还给他们本金及额外的一些钱——贷款人的利润。贷款人希望商人也拿出自己的钱去冒险，这样贷款人的风险也被分担了。

每个当事人如何公平地分担风险呢？如果情况不像贷款人和商人预想的那样，那么该如何公平地分配"赌金"呢？这样看来，早期的理论学家给自己提出的赌博问题——概率论的早期基础问题，实际就是用赌博语言叙述的保险问题。这也解释了为什么这些赌博问题在这个时期涌现出来的原因。欧洲经济经历了快速变化和发展的时期，同时，数学家们开始对赌金分配问题感兴趣。一些学者认为这两种现象之间有一定的关联。

如何有效验证分赌注问题中按照3∶1来分配赌金是最为合理的呢？

让我们在下一章的内容中寻找答案吧……

第三章

探索偶然事件中的必然规律

在同样的条件下,某一随机事件可能发生也可能不发生。那么,它发生的可能性究竟有多大? 能否用数值进行刻画呢? 这是我们下面要讨论的问题。

一、随机世界中隐藏的规律

先从抛掷硬币这个简单游戏说起。抛掷一枚质地均匀的硬币时,"正面向上"和"反面向上"发生的可能性相等,这两个随机事件发生的可能性大小都是 0.5。这是否意味着抛掷一枚硬币 100 次时,就会有 50 次"正面向上"和 50 次"反面向上"呢? 如果你有兴趣的话,自己抛掷 10 次检验一下。

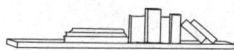

动动手——掷硬币实验

准备一枚常见的一角硬币,以有一角字样的一面为正面,以菊花一面为反面。连续抛硬币 10 次,在下面的表格中勾出结果,在最后一列中填出总数。

	1	2	3	4	5	6	7	8	9	10	总数
正面朝上											
反面朝上											

我们运用计算机模拟抛掷硬币的实验(1000 次)如图 3-1 所示,先观察一下,你有什么发现呢?

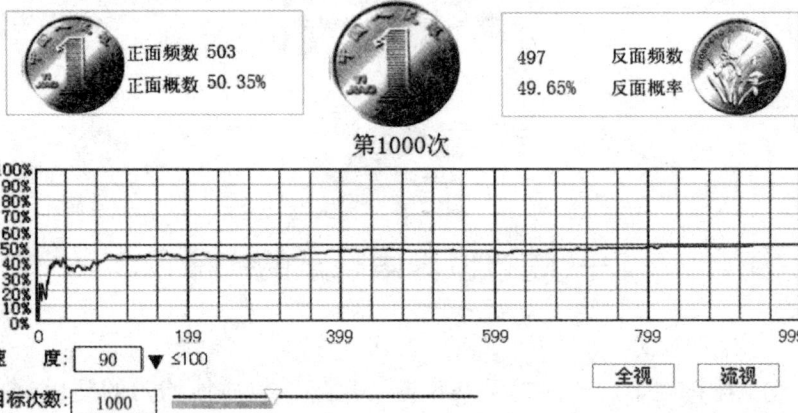

图 3-1

历史上,有些人曾做过成千上万次抛掷硬币的实验,其中一些实验结果如下:

表 3 - 1

实验者	抛掷次数 n	"正面向上"次数 m	"正面向上"频率 $\frac{m}{n}$
棣莫弗	2048	1061	0.518
蒲丰	4040	2048	0.5069
德·摩根	4092	2048	0.5005
费勒	10000	4979	0.4979
皮尔逊	12000	6019	0.5016
皮尔逊	24000	12012	0.5005
罗曼诺夫斯基	80640	39699	0.4923

不难发现,在重复抛掷一枚硬币时,"正面向上"的频率在 0.5 左右摆动。随着抛掷次数的增加,一般地,频率呈现出一定的稳定值:在 0.5 左右摆动的幅度会越来越小。这时,我们称"正面向上"的频率稳定于 0.5。

实际上,在长期实践中,人们观察到,对一般的随机事件,在做大量重复实验时,随着实验次数的增加,一个事件出现的频率,总在一个固定数的附近摆动,显示出一定稳定性。

数学家雅各布·伯努利,被公认为是概率论的先驱之一。他最早阐明了随着实验次数的增加,频率稳定在概率附近。下一节我们还会详细介绍!

一般地,在大量重复实验中,如果事件 A 发生的频率 $\frac{m}{n}$ 会稳定在某个常数 p 附近,那么事件 A 发生的**概率**记为 $P(A) = p$。

> **小贴士**
>
> 人们习惯用英文大写字母来代表事件,如事件 A、事件 B。
>
> 概率在英文中是 *probability*,所以人们习惯于使用它的首字母 P 来表示概率。

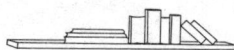

骰子掷出的学问——概率

对于抛掷硬币的实验,可以更加一般化,即使实验的所有可能结果不是有限个,或各种可能结果发生的可能性不相等,也可以通过实验的方法去估计一个随机事件发生的概率。只要实验的次数 n 足够大,频率 $\frac{m}{n}$ 就可以作为概率 p 的估计值。

如果现在同时抛掷两枚硬币,都是正面朝上的概率有多大呢?

再次运用计算机模拟抛掷两枚硬币的实验(800 次,当然如果你愿意的话,也可以自己亲自动手试一试)如图 3 - 2 所示,

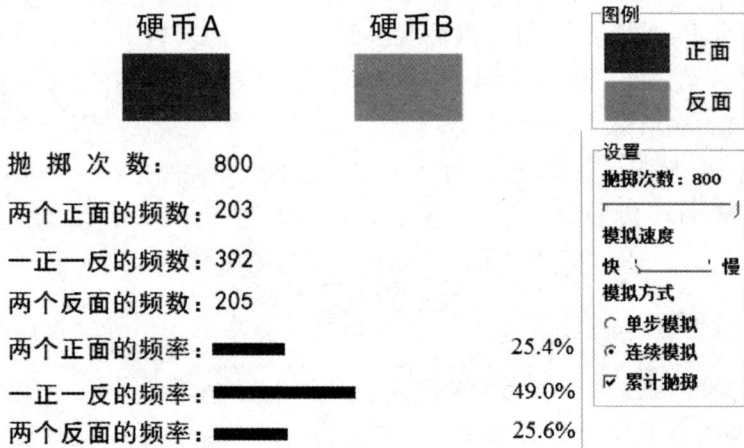

硬币A　　　　硬币B

图例　　正面　　反面

抛　掷　次　数: 800

两个正面的频数: 203

一正一反的频数: 392

两个反面的频数: 205

两个正面的频率: 25.4%

一正一反的频率: 49.0%

两个反面的频率: 25.6%

设置
抛掷次数:800
模拟速度
快　　　　慢
模拟方式
○ 单步模拟
● 连续模拟
☑ 累计抛掷

图 3 - 2

从图中可以发现,连续抛掷两枚硬币 800 次,其中两个正面的频率为 25.4%,稳定于 0.25 附近,也就是说它的概率为 $\frac{1}{4}$;相应地,一正一反的概率为 $\frac{1}{2}$,两个反面的概率也为 $\frac{1}{4}$。

我们来做个游戏吧!

现在有四张扑克牌:

把四张牌反面朝上打乱之后,随机地抽取两张,然后把牌面上的点数加起来。

如果点数和是4,就算是你赢了;否则就是我夕夕赢了,你愿意跟我玩一局吗?

哈哈,别上夕夕的当!这样的游戏是不公平的,夕夕赢的机会比你可是大多了。我们不妨来看一看:

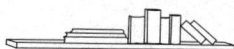

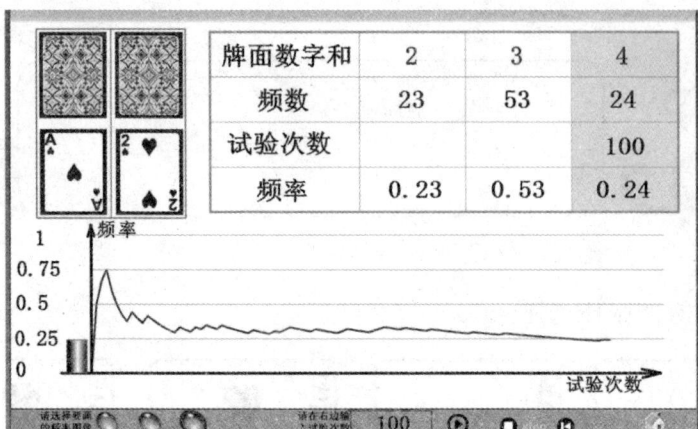

牌面数字和	2	3	4
频数	23	53	24
试验次数			100
频率	0.23	0.53	0.24

图 3－3

在 100 次重复游戏中,点数和为 4 的频率稳定于 0.25,也就是 $\frac{1}{4}$;相应地,其他情况发生的可能性就有 $\frac{3}{4}$。也就是说,夕夕赢的机会比你大整整 3 倍呢!

不过我们要注意的是,随机事件发生的概率是一个定值,但是相应地频率可不是定值!不相信吗?我们再让这个游戏重复进行 100 次看一看——

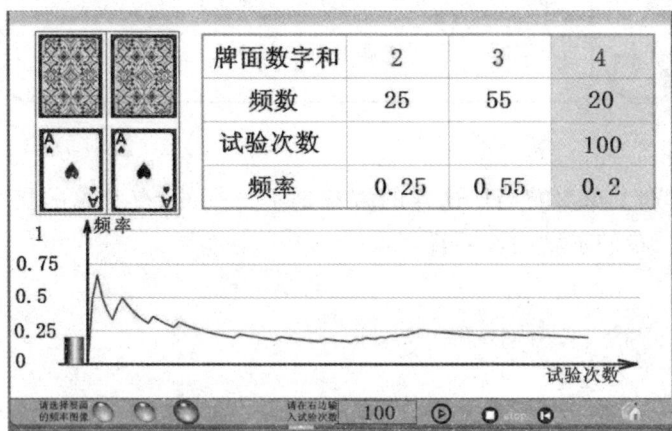

牌面数字和	2	3	4
频数	25	55	20
试验次数			100
频率	0.25	0.55	0.2

图 3－4

发现了没？这两次的频率折线图是不相同的！

频率的稳定性还可以从人类生育的统计中得到生动的例证。一般人或许认为，生男生女的概率是相等的，因而推测男婴和女婴出生数的比应当是1∶1，可事实并非如此。

1814年，法国著名的数学家拉普拉斯在他的《概率的哲学探讨》一书中，记载了以下有趣的统计：

他发现各地男女婴出生数的比值几乎完全一致（比值为22∶21），即各地的全体出生婴儿中，男婴占51.16%，女婴占48.84%。可奇怪的是，当统计1745年至1784年整整40年间巴黎男婴出生率时，却得到了另一个比25∶24，即在全体出生婴儿中，男婴占51.02%，与前者相差0.14%。为此，拉普拉斯对此困惑不已。于是，他深入进行调查，终于发现当时的巴黎人"重女轻男"，有抛弃男婴的陋俗，以至于影响了出生率的真相。我国的几次人口普查统计表明，男、女婴出生数的比也是22∶21。

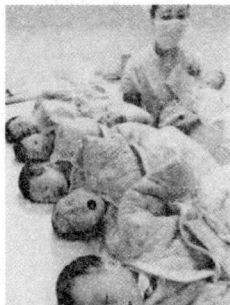

至于为什么男婴出生率要比女婴出生率高一些呢？这也许是生物学上的一个有趣的课题了。

还记得在第二章当中提到的分赌注问题吗？

有两个人（甲和乙，假定两人赌技相当）在进行一场公平的赌博，他们各出36枚金币共72枚作为赌注，赌局将在一个人赢过6轮后结束。赌博实际在一个人赢5轮而另一个人赢4轮时中断。此时应该如何分配赌金？

当时我们已经知道了答案，按照3∶1来分配赌金。现在，我们还可以利用概率的统计规律性，运用计算机模拟增加两局比赛的随机结果，以该随机实验重复进行100次为例，看看其中乙获得胜利（必须在增加的两局比赛皆获胜）的频率折线图吧——

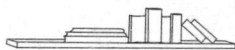

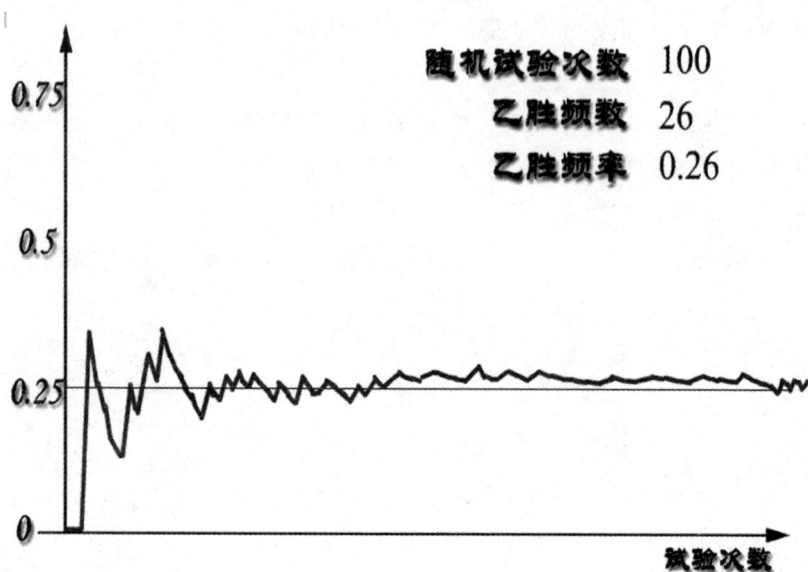

随机试验次数	100
乙胜频数	26
乙胜频率	0.26

图 3-5

从折线图可以看出,其中乙胜的频率稳定于 0.25,也就是 $\frac{1}{4}$;相应地,甲胜的频率稳定于 0.75,也就是 $\frac{3}{4}$。于是,我们再次验证了当年帕斯卡和费马赌金分配方案的合理性。

"频率的稳定性"就是这种偶然中的一种必然!

在大量纷繁杂乱的偶然现象背后,隐藏着必然的规律。

动动手

某水果公司以 2 元/千克的成本新进了 10000 千克柑橘,如果公司希望这个柑橘能够获得利润 5000 元,那么在出售柑橘(已经去掉损坏的柑橘)时,每千克大约定价为多少元比较合适?

销售人员首先从所有的柑橘中随机地抽取若干柑橘,进行了"柑橘损坏率"统计,并把获得的数据记录在表 3-2 中:

表 3-2

柑橘总质量 n/千克	损坏柑橘质量 m/千克	柑橘损坏的频率$\frac{m}{n}$
50	5.50	0.110
100	10.50	0.105
150	15.15	0.101
200	19.42	0.0971
250	24.25	0.097
300	30.93	0.1031

从表格中可以观察到,柑橘损坏的频率在 0.1 左右摆动,并且随统计量的增加这种规律逐渐明显,那么可以把柑橘损坏的概率估计为这个常数。如果估计这个概率为 0.1,则柑橘完好的概率的 0.9。

根据估计的概率可以知道,在 10000 千克柑橘中完好柑橘的质量为 9000 千克,完好柑橘的实际成本为

$$\frac{2 \times 10000}{9000} = \frac{2}{0.9} \approx 2.22(元/千克)$$

设每千克柑橘的售价为 x 元,则应有

$$(x - 2.22) \times 9000 = 5000$$

043

骰子掷出的学问——概率

解得 $x \approx 2.8$

所以,出售柑橘时每千克大约定价为 2.8 元可满足公司要求。

在历史上,"概率"有不同的定义,数学家冯·米泽斯是第一位明确提出概率的统计定义的数学家。我们在前两章的实例中往往讨论的是"等可能"结果的概率,如抛掷的硬币、骰子都是均匀的,因而每次试验中各种结果出现的可能性完全相同。如果这一条件达不到,应该如何定义概率呢?冯·米泽斯曾经问道:"倘若一个理论所能识别的只是基于一定数目的等可能结果的概率,那又叫我们如何借助它来处理关于具有偏向性的骰子(即不均匀的骰子)的问题呢?"事实上,好像并不存在任何方式让古典理论能借以处理与具有偏向性的骰子相关的情况,当然有人不愿意把概率论排除在与具有偏向性的骰子相关的场合以外。

其实,数学家拉普拉斯在其《哲学短论》的第七章中谈到了与具有偏向性的硬币有关的情况,这一章的题目叫做"关于可能存在于假设为均等的机会之间的未知的不均等性"。此外,在他对概率的数学研究中,他还曾考虑过这样的一种情况:在这种情况下,抛掷一枚硬币得到正面朝上的机会是 $\frac{1+\alpha}{2}$,得到反面朝上的机会是 $\frac{1-\alpha}{2}$,然后他就根据这两个数值继续进行计算。这似乎意味着抛掷一枚硬币得到正面朝上的概率是客观存在的,尽管它可能是未知的;但如此一来,势必与拉普拉斯自己的观点,即概率只是人类无知程度的测度相抵触。这看起来好像拉普拉斯在发展数学理论的时候忘记了他的哲学基础。

用频率估计概率,进而建立概率的频率理论最初是由剑桥学派的艾利斯和文恩在 19 世纪中叶发展起来的,它可以被看作"英国经验主义"对拉普拉斯及其追随者的"大陆理性主义"的一个反动。它是在维也纳学派所造就的经验主义繁荣时期流行开来的。有过一段时间,经验主义的这种 20 世纪的版本在欧洲大陆曾经有它的主要传播中心,但随着维也纳学派的分崩离析,它又回到了它的家乡。在这个时期,与维也纳学派关系密切的两位思想家——汉斯·莱辛巴赫和理查德·冯·米泽斯——推动了概率的频率理论的进一步发展。这里我们主要介绍冯·米泽斯的工作。

冯·米泽斯对于概率理论首次公开发表的论述见于他1919年出版的《概率论基础研究》一书。提出:在做大量重复实验时,随着实验次数的增加,某个事件出现的频率总是在一个固定数值的附近摆动,显示出一定的稳定性,把这个固定的数值定义为这一事件的概率。

1928年,在另一本论著《概率、统计学与真理》中,以相对频率为演绎基础,建立了频率的极限理论,强调概率概念只有在大量现象存在时才有意义。

冯·米泽斯(*von Mises*,*Richard*,1883—1958)

人物小传

冯·米泽斯,德国人。1883年4月19日生于里沃夫。1905年在维也纳大学学习。1909年至1918年间在斯特拉斯堡大学当教授。1920年至1933年任柏林大学教授。1933年至1939年在斯坦布尔大学任教。1939年之后在卡瓦尔特大学当教授。1958年7月14日逝世。

米泽斯的研究工作主要涉及概率论、气体力学与应用力学等。在概率论中,他广泛使用斯蒂尔吉斯积分。1919年他试图通过极限把概率的概念归结为频率的概念,但在概率论的理论推演中遇到了极大的逻辑困难。在物理学中,他解释了马尔可夫链的意义。著有《概率与统计》、《数学物理的微分方程与积分方程》等专著。

冯·米泽斯在其《概率、统计学与真理》的德文版第三版的前言里,描述了他的理论的特点:

这个大约出现在1919年的构想本质上是新的(尽管法国的库尔诺、英国的约翰·文恩以及德国的格奥尔格·赫尔姆之前在某种程度上也提过这样的想法),它把概率论视为一门与几何学或理论力学属于相同类别的科学。

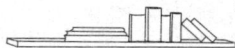

骰子掷出的学问——概率

冯·米泽斯把统计频率的这种不断增强的稳定性称为"概率论的基本现象",即统计频率稳定性定律。根据他的观点,统计频率稳定性定律被所有机会游戏(掷骰子游戏、轮盘赌、抽彩票给奖等)的观察记录、保险公司的生物统计资料等所认证。当然,这些认证性的数据一般说来并不是由于特地尝试去核实该定律而获得的结果,而是在这些领域进行其他活动的过程中收集到的。

总而言之,冯·米泽斯的主要工作是概率论的统计定义的公理化。在1919 年的《概率论基础研究》中,他认识到概率论的现状还不是一门严密数学学科,提出把数学概率建立在具有某种性质的观测序列基础上。1928年,在论著《概率、统计学与真理》中以相对频率为演绎基础,建立了频率的极限理论,强调频率概念只有在大量现象存在时才有意义。

思考

冯·米泽斯下一步的做法是试图以如下较为精确的方式来说明这个定律:

如果对正面朝上的相对频率的计算精确到小数点后第一位,要使这个初步近似值具有恒定性并不困难。事实上,也许大约500 轮以后,该初步近似值会达到0.5 这个数值而且此后将不会改变。我们要花长得多的时间才能使计算到小数点后两位的二次近似值得出一个恒定数值……也许需要超过10000 次的抛掷才可以表明,此时第二个数字也不再改变,一直等于0,因此,该相对频率恒常地保持为0.50。

冯·米泽斯正在说明的是一个据称不涉及任何理论的或数学的因素,仅通过观察而获得的经验结果。然而,事实并不是这样!

看来，我们需要引入数学的方法来对统计概率进行精确的定义才行。

二、从规律中总结的原理

上面我们说到冯·米泽斯发现统计频率稳定性定律，而该定律很可能开始是作为一个粗略的经验定律出现的，但它不可能变得精确，除非引入概率这个理论概念并且大致把这个概念与观测频率联系起来。在这个方面，我们首先要感谢数学家雅各布·伯努利！

话说德国数学家、哲学家莱布尼茨和英国数学家、物理学家牛顿，各自独立地创立了微积分。然而，他们并不是只依靠自己的努力创立了微积分。

我不知道在别人看来，我是什么样的人；但在我自己看来，我不过就像是一个在海滨玩耍的小孩，为不时发现比寻常更为光滑的一块卵石或比寻常更为美丽的一片贝壳而沾沾自喜，而对于展现在我面前的浩瀚的真理的海洋，却全然没有发现。如果说我比别人看得更远些，那是因为我站在了巨人肩上。

——牛顿

骰子掷出的学问——概率

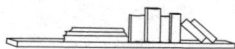

费马等人早已知道许多微积分的思想和方法。伟大的法国数学家、天文学家拉普拉斯甚至认为费马是微分学"真正"的发明人，因此拉普拉斯把发明微积分的一半荣誉给了费马。这种说法也有一定的合理性。尽管如此，独立工作的莱布尼茨和牛顿仍是首先把零散的积分知识系统化，并且把它们看成微积分理论的一部分。

微积分对当时的数学产生了巨大冲击。许多曾经被认为难以解决的问题，后来变成更广泛数学背景下容易解决的特例。数学的前沿和边界被大大推进，随后的几代数学家充分利用了这些新思想，设计并解决了大量新型问题。概率论也从微积分的新思想和新方法中受益。瑞士数学家雅各布·伯努利是第一批认识到微积分对概率论重要性的数学家的一员，除此之外，他还认识到了概率论对研究内容超出机会游戏的那些学科的重要性。

人物小传

雅各布·伯努利（*Jacob Bernoulli*，1654—1705）

提到雅各布·伯努利，首先不得不介绍一下这个数学史上最著名的数学家族——伯努利家族。他们原为荷兰的新教徒，后移居瑞士的巴塞尔。从17世纪末起，大约一个世纪内，此家族祖孙三代人中涌现了8位数学家，他们的关系如下（姓名用英文拼法）：

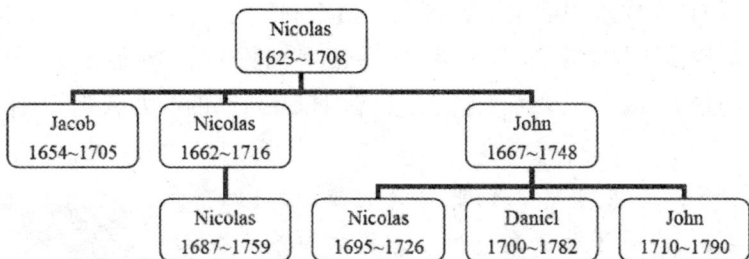

```
                    Nicolas
                    1623~1708
        ┌──────────────┼──────────────────────┐
    Jacob        Nicolas                    John
  1654~1705     1662~1716                 1667~1748
                    │            ┌────────┬─────────┬─────────┐
                Nicolas       Nicolas   Danicl      John
               1687~1759     1695~1726 1700~1782  1710~1790
```

伯努利家族在微积分发展史上起了重要作用，在无穷级数、微分方程、变分法、坐标几何、微分几何、概率论、流体力学、气体动力学以及实验物理学等方面也做出了贡献。在数学史上，有如此巨大贡献的家族是极为罕见的！

雅各布·伯努利,瑞士人。1654年12月27日生于巴塞尔。早年他对神学感兴趣,后来喜爱数学,而且是无师自通。与莱布尼茨是挚友,很快就接受了微积分的学说。1686年他被聘为巴塞尔大学数学教授,并终身任职。1705年8月16日逝世。

雅各布对数学的贡献是多方面的,涉及到微积分、无穷级数、常微分方程、变分法、坐标几何、微分几何和概率论。

在概率论方面,遗著《猜度术》是一部重要的著作。其中推广了组合理论,用组合公式证明了在指数为正数时的二项式定理。其中还包括现在仍称为伯努利定理的成果。他提到未知概率可以通过重复实验来决定,而且多次重复可以增加其准确性,这就是大数定律的最早形式。因此,1913年12月彼得堡科学院还举行会议,纪念大数定律诞生二百周年。另外,雅各布大力倡导在医学和气象学中应用概率统计学原理。

雅各布·伯努利对概率论很早就发生了兴趣,尤其对惠更斯的《论赌博中的计算》印象深刻。事实上,雅各布曾在概率论方面的主要著作《猜度术》中评论了惠更斯的工作(把雅各布的书名翻译成英文是"*The art of Conjecturing*"——"猜想的艺术",但是通常仍用它的拉丁名)。多年来雅各布一直从事《猜度术》的写作,直到去世之前,这本书才将近完成。此后很久,雅各布的侄子尼古拉斯最终才完成了这本书,并在雅各布去世8年后发表。

《猜度术》中有许多计算是关于机会游戏的。机会游戏为雅各布、费马、帕斯卡和惠更斯提供了一种语言,来表达他们研究随机性的思想。但是在《猜度术》中,雅各布把概率论从最初计算赌博的工具推广到了其他方面。例如,他考虑了如何把概率应用到刑事公正及人类道德上。虽然他没

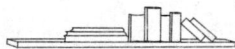

能在这些领域取得多少进展,但是有意义的是,他认识到概率论有可能帮助我们理解各种人类经验的领域。

《猜度术》中最著名的结果是所谓的**大数定律**[①],有时也叫伯努利定理。雅各布·伯努利说,他通过努力工作获得了大数定律隐含的思想。《猜度术》首次发表之后,这个数学发现激发了一代代数学家和哲学家们一个多世纪的争论。现在,大数定律仍是任何一所大学概率论入门课程中的重要部分。

> 在大数定律里,伯努利考虑了一组独立随机事件

在概率论中,当一个事件的结果不影响另一事件的结果时,就说这两个事件相互独立。例如,掷一枚骰子得到 4 点的概率是 $\frac{1}{6}$。对每次投掷一枚骰子,这总是正确的。它和以前得到的结果无关,因为以前的投掷对后来的投掷没有影响。因此,每次投掷一枚骰子,得到 4 点的概率仍是 $\frac{1}{6}$,其它的点数和 4 点的情况一样。数学家把这种情况总结为,骰子的每次投掷都相互独立。

接下来,雅各布考虑了某个特定事件的次数与实验的全部次数之间的比率,而且这也是两者之间唯一的比率(对比率的依赖十分重要:当扔一枚完好的硬币时,倘若扔的次数足够多,正面向上的总数与反面向上的总数一般都会变得很大。不过,两者的比率通常都趋于 50%)。雅各布继续讨论了骰子,还考虑了如下形式的比率,例如,出现 6 点的次数除以投掷骰子的总次数:

---

① 伯努利大数定律:设 m 是 n 重伯努利实验中事件 A 出现的次数,又 A 在每次实验中出现的概率为 $p(0 < p < 1)$,则对任意的 $\varepsilon > 0$,有 $\lim\limits_{n \to +\infty} p\left(\left| \frac{m}{n} - p \right| < \varepsilon \right) = 1$

$$\frac{\text{出现 6 点的次数}}{\text{投掷总次数}}$$

雅各布在《猜度术》中证明，如果实验相互独立，那么成功的结果出现的次数与实验总次数的比值，接近于成功结果出现的概率（这里"成功"一词表示某一事件，并不表示某个结果比其他结果好）。换句话说，如果我们投掷骰子足够多次，那么得到 6 点的频率将十分接近于它出现的概率。

除了叙述这些也许显然但可能不太精确的事实外，雅各布还明确地给出了某一事件的比率接近其概率的方法。假设，用字母 p 表示令我们感兴趣的事件的概率。假设 p 周围有小区间。例如，可以假设区间是数轴上一条线段的全部实数，它以 p 为中心，左右边界到中心的距离为 $\frac{p}{1000}$。大数定律说，如果实验的全部次数足够多，那么成功事件的次数与实验的全部次数形成的比值几乎必然落在这个小区间内。"几乎必然"表示，如果我们以 99.99% 的把握确定比值位于上述区间内，那么我们只需要实施一定次数的实验。令字母 n 表示需要实施的实验次数，如果我们投掷骰子 n 次（或更多次），那么我们能以 99.99% 的把握，确定我们得到的比值位于所选的区间内。当然，$\frac{1}{1000}$ 或者 99.99% 都没有什么特殊的含义。选择它们只是为了方便地说明问题。它们可以被任意地替换成别的数或百分数。但要能说明你的把握究竟有多大，当然，我们希望这种把握大一些为好。重要的是，雅各布弄清楚了观察结果与计算某类随机过程之间的重要关系。

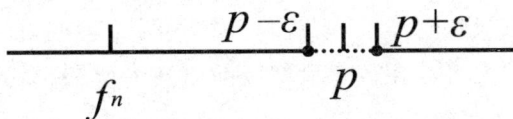

图 3-6

其中字母 p 表示概率。希腊字母 ε 代表我们给出的"接近程度"的定义。虚线区间上的每个点在 p 的 ε 范围内。f_n 表示 n 次实验后所考虑的事件的频率。对任何 n，f_n 都落在 p 的区间内。随着 n 的增大，我们更加相信 f_n 位于 p 的区间里。

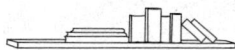

大数定理对今天的数学家和科学家有着巨大的影响。雅各布·伯努利在书中证明,独立随机过程有明显的结构。虽然并不是每个随机过程都相互独立,但是独立的随机过程构成了一类重要的过程,而且在某种意义下,独立随机过程是所有过程中最随机的。雅各布·伯努利成功地证明了,存在一种与某些事件有关的复杂结构,这些事件只被描述成不可预知的事件。

不仅如此伯努利对大数定律的逆命题也感兴趣。

我们知道,在大数定律中,假设知道事件的概率,然后证明事件出现的频率趋于这一概率。相应地,假设不知道概率,而知道某组实验后事件出现的相对频率。雅各布利用这些数据来估计事件的概率。这个问题更难,雅各布没有取得太大的进展。但是,他是第一个认识到问题的两个方面的数学家之一:(1)已知概率,预测频率;(2)给定频率,推导概率。多年来,这两方面的关系一直吸引着数学家们的注意。

大数定律出现在《猜度术》的第四卷也是最后一卷。前三卷论述的主要是一些早期概率论思想。事实上,第一卷在本质上相当于惠更斯在1657年的工作的再版,只是附加了一些注释说明;第二卷重新论述了各种组合学定律,它们中的大多数在数个世纪以前以被人所知;而第三卷仅是借用这些定律去解决更多的赌博问题。然而,在雅各布的著作中仍有两点原创性的工作值得一提。

首先,他推广了帕斯卡关于游戏中断后如何分配赌金的思想。帕斯卡认为参与游戏的赌徒赢得所给分值的机会是均等的,而雅各布·伯努利则将此推广到了赌徒们机会不等的情形,或者更为一般地,他的思想适用于胜负机会不等的任何实验。

雅各布·伯努利的第二个创新虽然用到了帕斯卡的算术三角形,但给出的确是计算正数列幂和的新方法。

《猜度术》的第四卷题为"论概率原则的政治、伦理和经济学应用"。虽然他在事实上并没有讨论任何实践应用,但的确讨论了在现实生活中所观察到的各种迹象,以及这些迹象如何被组织成一条单纯的可能性陈述。意识到在大多数现实条件下,绝对确定(或者说概率为1)是不可能实现的,雅各布引入了近乎必然性这一概念。他规定对于一个近乎必然的结果,其出现的概率不应该小于0.999。相反的,如果其结果出现的概率不大于0.001,那它就是近乎不可能发生的。正是处于确定事件真实概率的近乎必然性的目的,雅各布·伯努利导出了自己的定理——大数定理。

同时,雅各布·伯努利还想知道:要把一个概率通过频率确定到一定的精确度,需做多少次实验才行。这时,伯努利大数定律已经无能为力,但是狄莫弗-拉普拉斯极限定理给出了解答。

雅各布·伯努利以前,对概率的概念多半从主观方面来解释,即解释为一种"期望",且这种期望是以古典概率为依据的,即先验的等可能性假设。他指出,这种方法有极大的局限性,也许只能在赌博中可用。而在更多的场合,由于无法计数所有可能的情况就不行了。他提出要处理更大范围的问题,必须选择另一条道路。那就是"后验地去探知无法先验确定的东西,也就是从大量同类事例的观察结果中去探知它"。这就从主观的"期望"解释转到了客观的"频率"解释。

在《猜度术》中,雅各布还给出了其他一些有影响的观点。如明确区分了"古典概率"和"统计概率"。他分别称之为"先验概率"和"后验概率"。前者基于对称性即等可能性,不需进行实际观察就可知结果。如掷一个均匀的骰子,就没有理由认为一面比另一面更容易发生。而更加广泛的一类现象需要"后验的计算"概率,如天气的预测、人种患某种疾病的概率等。这就需要从统计的观点来解决。

雅各布·伯努利的工作标志着概率论的历史性转折。他的结果鼓舞了许多数学家尝试把这些思想应用到数学和其他科学的各种问题上。很多数学家开始寻找推广伯努利结果的方法,还有些人仍在争论这些结果的

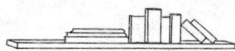

含义。《猜度术》是概率论史上一个重要的里程碑。美国概率史家哈金称该书为"概率概念漫长形成过程的中介与数学概率论的肇始"。

现在,大数定律的应用已经延伸到了各个领域,最典型的是用在经济学上。用大数定律可以计算保险问题、做健康统计、计算股票收益、解决投资决策的风险问题等。

同时,大数定理在计算机软件和电信技术方面也有用途,在工业上也有所贡献。由于大数定律和统计的密切关系,甚至可以用它来协助社会学研究,还可为宏观经济的可持续发展提供帮助。

这样看来,不难理解为什么数学家们那样偏执地掷出数千甚至上万次硬币的意义了。

那么,概率的统计定义有没有缺陷呢?

当然有了。对于某个事件在一独立重复实验序列中出现无穷多次的概率无法定义。同时从数学理论上讲,统计定义是有问题的。伯努利大数定律的产生,出现一个悖论①:

如果不从承认大数定律出发,概率就无法定义,因而谈不上频率与概率接近的问题;但是如果承认大数定律,以便可以定义概率,那么大数定律就是前提,而不是一个需要证明的论断。

---

① 悖论指在逻辑上可以推导出互相矛盾之结论,但表面上又能自圆其说的命题或理论体系。悖论的出现往往是因为人们对某些概念的理解认识不够深刻正确所致。

拓展阅读

丹尼尔·伯努利和天花

有时候,概率论的数学理论和科技应用之间的联系十分微妙,因此经常导致人们之间的争论:借助概率论推导出的结论是否合理? 一些结果是数学方面的,另一些则侧重于关于偶然性的哲学思想等深层问题。在历史上,争论发生在概率论被第一次应用到系统地陈述政府的健康政策,讨论的主题是预防天花。即使在今天看来,几世纪前的讨论仍然有现实意义。如今,类似的主题再次成为关注的对象。

天花至少和人类文明一样古老。古埃及人、赫梯人、希腊人、罗马人和土耳其人都遭受过天花之苦。天花也不限于北非和中东。自三千年前,中国和印度都记录过天花。慢慢地,人们从痛苦和损失中积累了天花的有关知识。比如,希腊人就知道,如果一个人得了天花,然后痊愈的话,他就不会再被传染,这称为后天免疫。十一个世纪以前,伊斯兰医生阿尔·拉齐曾写过一篇在历史上很重要的文章"论天花和麻疹"。他描述了症状,并正确地指出,它只在人群中间传播。到瑞士数学家、科学家丹尼尔·伯努利的时代,科学家和老百姓都知道了一个重要的事实——对天花的抵抗力可以通过种痘获得。

现在谈谈丹尼尔·伯努利,是不是似曾相识呢? 之前我们提到过他,就是雅各布·伯努利的侄子! 数学史上著名的伯努利家族中的一员。丹尼尔本人也是一位出色的数学家,他上过德国的海德堡大学和斯特拉斯堡大学,瑞士的巴塞尔大学,学过哲学、逻辑、医学,并获得硕士学位。然而,几乎是刚一毕业,他就开始为数学和物理学的发展做出自己的贡献。后来,丹尼尔很快搬到俄国的圣彼得堡,在那里居住了很多年,成为科学院成员。最终,丹尼尔回到了巴塞尔,在当地找到了一个职位,教授解剖学和植物学。

丹尼尔决定用概率论研究接种牛痘对死亡率的影响,但是如果要这么做,他必须用数学分析叙述问题。另外,这个问题不只是数学问题;不管最终结果是什么,叙述这个问题的方式必须使结果和公众健康政策的叙述有

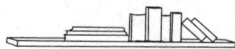

关。他说,假设被接种牛痘的婴儿大部分都存活下来,那么他们一生都免于天花的威胁。然而,另一些婴儿由于种牛痘而在一个月内死去。如果婴儿不被接种,那么许多人——而不是所有人,将最终感染天花,一些人因此而丧命。每种方法都有相对的风险。种或不种牛痘,哪种方法更有利于公众健康呢?

1760 年,丹尼尔向巴黎科学院宣读了一篇论文,题为"尝试用新方法分析天花的死亡率和种牛痘的好处"。文中,丹尼尔针对现有的死于天花的案例,给出了自己的研究模型和结果。他发现,种牛痘者的寿命几乎增加了 10%。

丹尼尔认为,接种是保护大众健康的有效方法。他推荐使用这个方法,他的观点受到了许多欧洲学者、哲学家的支持。也有人表示反对,其中一些人不同意他的推理,而另一些人只是不同意他的结论。法国数学家、科学家达朗贝尔仔细研读了丹尼尔的文章,虽然他认为,推荐接种是个不错的建议,但他完全不同意丹尼尔的分析。达朗贝尔写了一篇著名的评论,批评丹尼尔的文章。达朗贝尔对丹尼尔思想的回应说明了,人们不容易做到用概率论的语言去解释现实世界。

一种新的理论和方法,要被大众接受,往往要经过很多人长时间的努力才能得以实现!

有没有不通过做实验就可以求出随机事件概率的方法呢?

让我们在后面的章节内容中寻找答案吧……

第四章

逐渐系统化的概率科学

在上一章中,我们知道了能够通过做实验的方法来计算随机事件可能性的大小。然而,在现实世界里,人们无法把一个实验无限次地重复下去,因此,要精确获得概率的稳定值是较困难的。其实,在概率论历史上最先开始研究的情形是概率的古典方法。它简单、直观,不需要做大量重复实验,而是在经验事实的基础上,对被考察事件的可能性进行逻辑分析后得出该事件的概率。

一、计算概率的基本方法

当我们随意地抛掷一枚硬币,会出现正面或者背面朝上的情况,除此之外没有其他结果。假设大家想要出现硬币的正面,但不可能大家每次掷的时候都是正面,并且谁都不知道掷硬币后会出现哪一面。

但是可以肯定的是,会出现下面两种结果中的一种:

出现硬币正面;

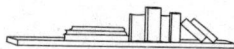

出现硬币反面。

现在我们来求一下掷硬币时出现正面的概率。当然,在之前我们已经通过做实验的方法知道硬币正面朝上的频率稳定于 $\frac{1}{2}$,所以概率是 $\frac{1}{2}$!

那还有没有其它的方法来求这一概率呢?

因为出现的结果有正面或者背面,因此总结果数是 2 种。我们想要的结果是出现正面,所以结果数是 1 种。因此出现正面的概率是 $\frac{1}{2}$。那么出现背面的概率是多少呢? 当然也是 $\frac{1}{2}$。是的。掷硬币的时候出现的结果有正面和背面 2 种,各种结果的概率相加的话是 $\frac{1}{2} + \frac{1}{2} = 1$。这个是概率的重要性质。

出现多种结果的时候,各种结果的概率的和都是 1。

接下来我们跟夕夕一起做几个小游戏

游戏一:抽签游戏——

抽签是一种古老但很实用的决定顺序的方法。从分别标有 1、2、3、4、5 号的 5 根纸签中随机地抽取一根,抽出的签上的号码有 5 种可能,即

$$1、2、3、4、5$$

抽到 1 号签的概率有多大呢？

当然我们可以通过实验的方法,得到抽到 1 号签的频率稳定值;其实,我们也可以用刚刚讲到的方法来计算:由于纸签形状、大小相同,又是随机抽取,所以每个号被抽到的可能性大小相等,都是全部可能结果总数的 $\frac{1}{5}$。

游戏二:掷骰子游戏——

列出掷骰子的时候可能出现的各种结果:

①出现 1 个点;

②出现 2 个点;

③出现 3 个点;

④出现 4 个点;

⑤出现 5 个点;

⑥出现 6 个点。

掷出 6 点的概率有多大呢?

现在我们试试不做实验,能否得出结果?

一共会出现 6 种结果,因此总结果数是 6。那么出现一个点的概率是多少呢?出现 1 个点的结果有 1 种,因此它的概率是 $\frac{1}{6}$。出现其他点的概率也是一样的,是 $\frac{1}{6}$。掷骰子的时候,出现的各种结果的概率之和是 1!

$$\frac{1}{6} + \frac{1}{6} + \frac{1}{6} + \frac{1}{6} + \frac{1}{6} + \frac{1}{6} = 1$$

我们把一次游戏可能出现的结果叫做**基本事件**。

那么以上游戏有什么共同特点呢?

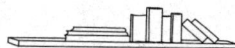

（1）一次游戏中，可能出现的基本事件只有有限个；

（2）一次游戏中，每个基本事件出现的可能性相等。

具有这两个特点的概率模型叫做**古典概型**①。我们常常把第一个条件称为"有限性"，第二个条件称为"能可能性"。

对于具有上述特点的游戏，可以从事件所包含的各种可能的结果数在全部可能的结果数中所占的比，分析出事件发生的概率。这样我们可以定义概率。概率的定义如下：

$$概率 = \frac{想要的结果数}{总结果数}$$

一般地，如果在一次实验中，有 n 种可能的结果，并且它们发生的可能性都相等，事件 A 包含其中的 m 种结果，那么事件 A 发生的概率 $P(A) = \frac{m}{n}$。

思考

种下一把种子，一个月后，任意选出一颗看是否发芽的概率问题是不是古典概型？

一个概率模型只需要满足"基本事件个数有限"和"基本事件等可能出现"这两个条件，它就是古典概型了。一把种子的具体数量与基本事件无关，因为只需要任意取出一颗种子来观察。随机取出一颗种子具有发芽和不发芽两种可能，满足基本事件个数有限的条件，但是

没有任何证据说明种子发芽和不发芽的可能性相等，所以，这个概率模型

---

① 这种等可能的数学模型曾经是概率论发展初期的主要研究对象。它在概率论中有很重要的地位，一方面，因为它比较简单，许多概念既直观又容易理解，另一方面，它又概括了许多实际问题，有很广泛的应用。

不是古典概型。

那么,接下来我们思考一下这个问题

现在有一个瓶子。瓶口比较大,可以把手放进去,但是并不能看到里面的东西。

这个瓶子里面有 4 个黑色球、3 个白色球。

由于 7 个小球形状完全一样,被拿出的机会均等,符合古典概型的条件,因此,拿出 1 个球是黑色球的概率可以用古典概型公式计算。

在 7 个球中,黑色球有 4 个,所以拿出 1 个球是黑色球的概率为 $\frac{4}{7}$。

同样,取出一个白色球的概率是多少呢?是 $\frac{3}{7}$!

答对了。这次我们来看一看取出 2 个球的结果。取出 2 个球的话,会出现下面三种结果中的一种。

①都是白色球

②只有一个白色球

③都是黑色球

先求一下都是白色球的概率。首先应该算一下总结果数,如果不考虑球的颜色的话,一共有 7 个球。那么从 7 个球中取出 2 个的结果数就是总结果数。

为了方便记录每一种结果数,我们不妨这样假设:

1 号球(黑色)、2 号球(黑色)、3 号球(黑色)、4 号球(黑色)、

5 号球(白色)、6 号球(白色)、7 号球(白色)、

于是,总结果数为:

$$(1,2)(1,3)(1,4)(1,5)(1,6)(1,7)$$
$$(2,3)(2,4)(2,5)(2,6)(2,7)$$
$$(3,4)(3,5)(3,6)(3,7)$$
$$(4,5)(4,6)(4,7)$$
$$(5,6)(5,7)$$
$$(6,7)$$

21 种!

现在来看一看想要的结果数。想要 2 个球都是白色球,那么应该从白色球中取 2 个。白色球一共有 3 个,从中取出 2 个白色球的结果数是想要的结果数。

想要的结果数为 $(5,6)(5,7)(6,7)$ 3 种。

因此,取出 2 个白色球的概率是 $\frac{3}{21}=\frac{1}{7}$。

同样的方法,你试一试第②、③种情况的概率又是多少呢?

再来看一个稍微复杂一点的问题吧——掷两枚骰子。

基本事件就有 36 个,机会均等,概率各占 $\frac{1}{36}$。

那么,"两次的点数之和大于 5"这个随机事件的概率有多大呢?它一共包含了

$$(1,6)(1,5)(2,4)(2,5)(2,6)(3,3)(3,4)(3,5)(3,6)(4,2)$$
$$(4,3)(4,4)(4,5)(4,6)(5,1)(5,2)(5,3)(5,4)(5,5)(5,6)$$
$$(6,1)(6,2)(6,3)(6,4)(6,5)(6,6)$$

共 26 个基本事件,它发生的概率是 $\frac{26}{36}=\frac{13}{18}$。

试一试

你能运用前面所学习的古典概型的计算方法,求出下列随机事件的概率吗?

计算机中的"扫雷"游戏,相信你一定不陌生吧!在一个有 9×9 个小方格的正方形雷区中,随机埋藏着 10 颗地雷,每个小方格内最多只能藏 1 颗地雷。

夕夕在游戏开始时随机地踩中一个方格,踩中后出现了如图所示的情况。

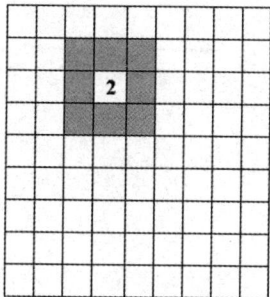

图 4 - 1

我们把与标号 2 的方格相邻的方格记为 A 区域(阴影部分),其余的部分记为 B 区域。数字 2 表示在 A 区域中有 2 颗地雷。那么第二步应该踩在 A 区域还是 B 区域呢?

第二步应该怎么走取决于踩在哪部分遇到地雷的概率小,只要分别计算在两区域的任意方格内踩中地雷的概率并加以比较就可以了。

A 区域的方格共有 8 个,标号 2 表示在这 8 个方格中有 2 个方格各藏有 1 颗地雷。因此,踩 A 区域的任一方格,遇到地雷的概率是 $\dfrac{2}{8} = \dfrac{1}{4}$。

B 区域的方格数为 $9 \times 9 - 9 = 72$,其中有地雷的方格数为 $10 - 2 = 8$。因此,踩 B 区域的任一方格,遇到地雷的概率是 $\dfrac{8}{72} = \dfrac{1}{9}$。

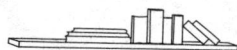

由于$\frac{1}{4} > \frac{1}{9}$，所以踩 A 区域遇到地雷的可能性大于踩 B 区域遇到地雷的可能性，因而第二步应该踩 B 区域。

历史上，概率的古典定义是由法国数学家拉普拉斯于1812年正式提出的。

事件 A 的概率 $P(A)$ 等于一次实验中有利于事件 A 的可能的结果数与该实验中所有可能的结果数之比。

人物小传

拉普拉斯（Laplace, Pierre Simon, 1749—1827）

拉普拉斯，法国人。1749 年 3 月 23 日生于诺曼底的奥热地区博蒙的一个农民家庭。16 岁在邻居的资助下，进入开恩大学学习数学。毕业后达朗贝尔推荐他到巴黎军事学校任数学教授。1773 年被选入巴黎科学院。1783 年当了军事考试委员，并主考了拿破仑（当时拿破仑是这个学校的学生）。革命后他任巴黎高等师范学校教授，还当过内政部长、议会委员、议会大臣，并被封为伯爵。1814 年又被路易十八封为侯爵和贵族。晚年由于身边无亲人，于 1827 年 3 月 5 日凄凉地在巴黎去世，终年 78 岁。

拉普拉斯在数学上的贡献主要在应用数学方面。他对天体力学的研究，大大推动了微分方程理论及其求解方法的发展。他提出的一系列的问题为 19 世纪和 20 世纪数学家和物理学家确定了广阔的研究领域。

　　　　1812 年,拉普拉斯发表了专著《概率的分析理论》,书中总结了概率论所有已经得到的成果,包括几何概率论、伯努利定理、最小二乘法,还引入了拉普拉斯变换。1814 年他又发表了专著《关于概率论的哲学探讨》。

　　　　拉普拉斯还研究过流体动力学、声波的传播和潮汐。对化学也做过研究。

　　《概率的分析理论》中的问题标志着概率论进入了一个崭新的发展阶段。18 世纪的概率论虽摆脱了"赌博数学"的偏见,但仍由较为零散的结果、思想和技巧组成,几乎所有这些结果在 19 世纪被法国数学家拉普拉斯整理和系统化,著作吸收了前人的概率论思想,而又成为几代数学家灵感的源泉。拉普拉斯运用 17 世纪、18 世纪发展起来的分析工具处理相关概率问题,导致了"组合概率"向"分析概率"的转变,促使概率论向公式化和公理化方向发展,为近代概率论的萌生和发展提供了前提条件。

拓展阅读

拉普拉斯的概率思想

　　集国家管理者、一流数学家、概率统计学者于一身的拉普拉斯相信,根据概率论原理所得到的这些来自于理性、公正和人性的永恒法则,世界将会重建,世界将变得更加美好。他认为,概率论属于应用学科,可用于解释和发现自然科学的规律、可用于道德科学的重建、可证明自然界的先验设计等。

　　(1)概率论是对人类无知的重要补偿

　　18 世纪以来,随着牛顿力学的发展,机械决定论的思想在欧洲科学界占据了主导地位。拉普拉斯也受到了深刻影响。他认为:

　　宇宙的目前状态是先前状态的结果,又是以后状态的原因。万能的智

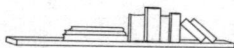

者能够在某一瞬间理解使自然界生机盎然的全部自然力,而且能够理解构成自然存在的各自状态。如果这个智者广大无边到足以将这些资料加以分析,就会把宇宙中最巨大的天体运动和最轻的原子运动都包含在一个公式中。对于这个智者而言,没有任何事物是不确定的,未来如同过去一样在他眼中一览无余。

按此观点,宇宙万物的一切发展,早在混沌初开始就完全确定下来,这显然很荒唐!但是,拉普拉斯同时意识到概率知识的重要性,对很多现象没有科学的思考是难以理解的。他在《关于概率论的哲学探讨》中写道:

通过观测来描述月球的有关状态,对大多数天文学家来说是不理解的,因为这似乎不是万有引力的结果。然而,我认为利用概率计算来检测这种存在,用概率来表示这种可能性,并找出其起因是很必要的。

(2)极限定理是揭示自然规律的工具

古典概率论只能处理诸如赌博中有限可能结果的组合问题。现实中的问题要比赌博问题复杂得多,且不再局限于离散型而扩展到连续型。概率论应推开赌桌去解决实际问题。正是拉普拉斯创立了连续型概率论,开创了概率论新阶段。

(3)概率论应用于天文学

在拉普拉斯的研究中,随机变量之和的分布问题占据了特殊位置。这个问题最初由伽利略在《论掷骰子的思想方法》中提出。棣莫弗利用生成函数得到了更一般的结果。辛普森和拉格朗日转向对观测现象的数学描述。利用生成函数的连续分布,拉格朗日得到了相应函数性质。

利用不同的数学方法,拉普拉斯反复推导了有限随机变量和的分布规律。他大多是在天文学背景下讨论相关问题。在"论彗星轨道的倾斜角和地球形状的函数"一文中提出:每个彗星的相对消失是随机的,可以说其相互独立并服从相同的均匀分布,n 颗彗星的平均倾斜角在给定范围内的概率为多少?拉普拉斯考虑了该问题 $n=2,3,4$ 的情形。

(4)概率论应用于社会科学

莱布尼茨是研究概率和法律之间关系的先驱者,其思想后来被雅各布接受并反映在《猜度术》中。雅各布的侄子尼古拉在博士论文"猜测的艺术在法律问题中的应用"中,处理了大量法律问题。如他研究了被告无罪的概率:假设任何一条关于被告的证据仅有真和假两种可能,且每条不同证据相互独立,则在 n 条证据下无罪的概率为 $\left(\dfrac{2}{3}\right)^2$。1785 年,孔多赛的论文"论从众多意见中做出判断概率的应用"所论述的新观点深深吸引了拉普拉斯的注意力。

拉普拉斯据随机函数产生的数学解释而把概率论应用于社会科学之中。一线段被分成 i 等分或一些不等的区间,在每个小区间的右端点画上垂线。这些垂线间的长度构成一个不增序列,且其和为 s。重复构造多次,最右端一段的平均长度是多少?

这个平均曲线应是期望值,拉普拉斯给出了其概率解释及其应用。假设某随机事件有 i 个产生原因,按导致概率由大到小将这些事件排列。拉普拉斯建议将类似的程序应用于法庭判决和选举中。据此,拉普拉斯算出当时法国 12 人中采取 7 人为大多数判决结果的误判率为 $\dfrac{65}{256}$。而在英国以

12 人中 9 人为大多数的误判率是 $\dfrac{1}{8192}$。

(5)奠定几何概率基础

蒲丰是几何概率的开创者,并以蒲丰投针问题闻名于世,在 1777 年的论著《或然性算术实验》中,蒲丰首先提出并解决把一个小薄圆片投入被分为若干个小正方形的矩形域中,求使小圆片完全落入某一小正方形内部的概率是多少,接着讨论了投掷正方形薄片和针形物的概率问题。其中投针问题为:在平面上画有一组间距为 a 的平行线,将一根长为 $l(l<a)$ 的针随机投在这平面上,求针与平行线相交的概率。蒲丰求得概率值为 $p=\dfrac{2l}{\pi a}$。

拉普拉斯在《概率的分析理论》中重提这个问题,并指出通过多次投针实验,求得 p 的统计估计值,则利用蒲丰所得结果可求得 π 的近似值。拉普拉斯还把蒲丰问题推广到两组相互独立等距平行线的坐标方格情况。若两组平行线间的距离分别为 a,b,则投掷长度为 $l(l<a,b)$ 的针与任一线

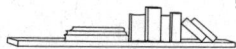

相交的概率为 $p = \dfrac{2l(a+b) - l^2}{\pi ab}$。

（6）发展贝叶斯统计观点

有关数理统计问题在《概率的分析理论》中占有相当多的篇幅。拉普拉斯认为概率论应属于自然科学而不属于数学，数理统计是概率论的一个新分支。他继承和发展了贝叶斯的统计观点。以估计新生儿性别问题为例来说明其观点。

（7）开拓随机过程领域

拉普拉斯解决了"赌徒输光"问题。该问题由帕斯卡、费马和惠更斯首先解决。雅各布和棣莫弗又对该问题进行了研究。问题也逐渐演变成一个更有意义的"赌博持续时间"问题，可看做一维随机过程的典型问题，具有重要的物理应用。问题为：

赌徒 A 有 a 个筹码，赌徒 B 有 b 个筹码，他们赢得每局的概率分别为 p、q，求赌徒 B 在 $n(n \leq a)$ 局内输光的概率。

（以上部分内容引自徐传胜《从博弈问题到方法论学科——概率论发展史研究》，致以感谢）

从概率的古典定义中你能发现存在什么问题吗？

由于古典定义的适用范围为

①可能结果总数有限。

②每个结果的出现有同等可能。因此古典定义的方法能够应用的范围很窄，而且还有数学上的问题。

对于可能结果总数无限或者每个结果不是等可能出现的情况，就显得无能为力啦！比如随机的抛掷一枚图钉，只可能有两种结果：

钉帽着地或是钉尖着地,那么钉帽着地的概率有多大呢?是否还是 $\frac{1}{2}$ 呢?当然不是啦!因为这两个基本事件不是等可能发生的。你可以用之前学过的方法解决这个问题吗?

思考

在圆内随机取一弦,问其长超过此圆的内接正三角形的边长的概率为多少?

考虑与某确定方向平行的弦,则所求概率为 $\frac{1}{2}$,如图4-2所示。

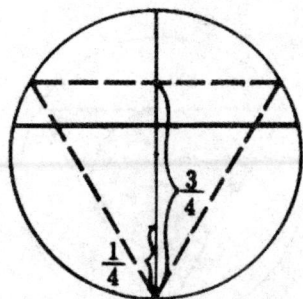

图 4 - 2

考虑从圆上某固定点P引出的弦,则所求概率为 $\frac{1}{3}$,如图4-3所示。

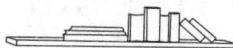

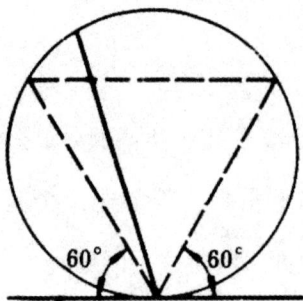

图 4 - 3

如果随机的意义理解为:弦的中点落在圆的某个部分的概率与该部分的面积成正比,则所求概率为1/4,如图4-4所示。

注:长度大于内接正三角形边长的弦的中点皆落在半径为 $\frac{r}{2}$ 的同心圆内,故所求概率应为 $\dfrac{\pi\left(\dfrac{r}{2}\right)^2}{\pi r^2}=\dfrac{1}{4}$。

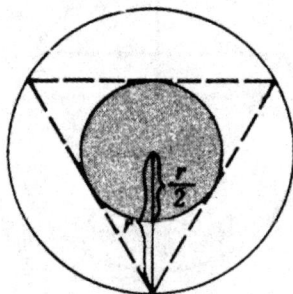

图 4 - 4

你认为哪种解法是正确的呢?

不如先来问你这样一个问题——

请问从上海到北京要多少时间呢？答案一定五花八门吧。两个小时左右？近 5 个小时？22 个小时？……

哪个答案是正确的呢？你一定会说,那要看使用什么交通工具啊!

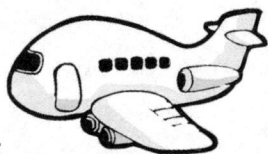

乘坐 的话,只要 2 个小时左右;

乘坐 的话,需要近 5 个小时;

乘坐 的话,则需要 22 个小时;

如果你选择 或者 的话,就要更长的时间了。

因此,需要制定一个统一的标准后才能确定答案是否正确。而上述的问题是 1899 年由法国学者贝特朗所提出的,它揭示了古典概率论中基本概念存在的矛盾与含糊之处,叫做"贝特朗悖论"。

它说明概率的概念是以某种确定的实验为前提的,这种实验有时由问题本身所明确规定,有时则不然。因此,贝特朗悖论的矛头直指概率概念本身,特别地,拉普拉斯的古典概率定义开始受到猛烈批评。这样,到 19 世纪末,无论是概率论的实际应用还是其自身发展,都强烈地要求对概率论的逻辑基础做出更加严格的考察!

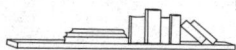

二、期望，把握机会的可能性计算

还记得伊索寓言中《龟兔赛跑》的故事——

虽然兔子跑得快多了，但它很大意：跑到半路，它决定打个盹。就在它睡觉时，乌龟慢慢地一步一步爬了过去，最后得胜。

人们在听这个故事时，常会责备兔子反复无常且随意。相比之下，爬得慢而稳的乌龟被描绘成努力工作遵守纪律的模范。这说明生活中只要我们目标明确且坚持不懈，就能成功。

其实，概率的视角能让我们更加准确地理解这个故事。大数定律告诉我们，这里的关键点在于谁的平均速度更快。长远来看，谁平均跑得更快，谁在赛跑中就一定能赢！

假设 乌龟 总是以每小时 1 千米的速度稳步前行，而 兔子 在不打盹时，每小时能跑 4 千米。那谁能赢得比赛？

如果兔子很懒，每 5 个小时中（平均算来）有 4 个小时在打盹，那它就麻烦了。这种情况下，每 5 个小时中兔子只跑了 1 个小时，只跑了 4 千米；

而乌龟每 5 个小时能爬 5 千米。胜利当然属于乌龟!

另一方面,如果兔子(平均算来)只用了一半的时间打盹,那么每 2 个小时中它仍只跑了 1 个小时,跑了 4 千米,但同时乌龟却只爬了 2 千米。胜利属于兔子!

所以,从概率的角度看,龟兔赛跑的故事讲的并不是什么以勤恳工作为荣,以散漫放纵为耻,而是如何在快跑与打盹之间取得平衡,你只要仔细算算平均速度看谁能赢就知道了。

现在我们尝试用平均的思想来讨论一下之前的分赌注问题:

设想再赌下去,则甲最终所得金币数 X 为一个随机变量①,其可能取值为 0 或 72。再赌两局必可结束,其结果不外乎以下四种情况之一:

甲甲、甲乙、乙甲、乙乙

其中"甲乙"表示第一局甲胜第二局乙胜。因为赌技相同,所以在这四种情况中有三种可使甲获得 72 枚金币,只有一种情况(乙乙)下甲获得 0 枚金币。所以甲获得 72 枚金币的概率为 $\dfrac{3}{4}$,获得 0 枚金币的概率为 $\dfrac{1}{4}$,即

表 4 - 1

获得金币数	0	72
对应的概率	0.25	0.75

经上述分析,甲的"期望"所得应为:$0 \times 0.25 + 72 \times 0.75 = 54$(枚金币)。即甲得 54 枚,乙得 18 枚。这种分法不仅考虑了已赌局数,而且还包括了对再赌下去的一种"期望"。这就是**数学期望**②这个名称的由来,其实

---

① 随机变量(*random variable*)表示随机现象(在一定条件下,并不总是出现相同结果的现象称为随机现象)各种结果的变量。例如某一时间内公共汽车站等车乘客人数,电话交换台在一定时间内收到的呼叫次数等等,都是随机变量的实例。

② 数学期望是刻画随机变量取值的平均大小的数字特征,它反映了随机变量取值的平均水平,刻画了随机变量所有取值的中心位置。实验次数很大时,实验值的平均值接近数学期望。这正是数学期望的统计意义。

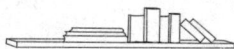

这个名称称为"均值"可能更形象易懂，也就是再赌下去，甲"平均"可以赢得的金币数。

当年帕斯卡与费马的联系，对于激发欧洲数学家对概率论的兴趣起着重要的作用。例如，在他们建立联系后的短时间里，年轻的荷兰数学家惠更斯专程来到巴黎，和他们一起讨论分赌注问题，在惠更斯的著作《论赌博中的计算》（1657）中叙述了当时的情景和问题的解。虽然惠更斯讨论的也是赌博问题，但他仅以赌博作为理论模型，而不是论文的全部意义。他明确提出："尽管在一个纯粹的运气的游戏中结果是不确定的，但一个游戏者或赢或输的可能性却可以确定。"可能性用的是"*probability*"，其意义与今天的概率几无差别。正是惠更斯的这种思想使得"可能性"成为可度量、计算和具有客观实际意义的概念。而概率我们可以笼统地泛指——对于随机事件出现的可能性的度量。相应地，概率论就是研究随机现象数学规律的数学分支。

克里斯蒂·惠更斯（*Christian Huygens*，1629—1695）

人物小传

惠更斯，荷兰人。1629 年 4 月 14 日生于海牙。父亲是一位外交家，具有广博的学识，尤其对数学造诣很深。幼年时，惠更斯就在父亲的指导下学习数学和力学。16 岁时，他进入莱顿大学，两年后转入布勒达大学专攻法律、数学。1655 年获法学博士学位。他曾访问过巴黎和伦敦，结识了牛顿、莱布尼茨等著名学者。1663 年成为伦敦皇家学会第一个外国会员。1665 年应法王路易十四的聘请，来到巴黎。第二年就成为刚刚建立的巴黎科学院院士。1672 年至 1678 年间，法国与荷兰发生战争，惠更斯被迫于 1681 年回到故乡。此时故乡已无亲人，生活十分寂寞。期间，曾一度前往英国，受到牛顿的热情接待。牛顿打算推荐他到剑桥大学任教，但未成功，惠更斯只好又重返故乡。1695 年 7 月 8 日在海牙逝世。终身未婚。

惠更斯在数学的许多领域都做出了贡献。他认为数学是非常重要的,科学产生于用数学解释自然。他在从事其他各种科学研究时,首先希望通过直观或关键性的实验去了解其中广泛地、深刻的、形式简单的数学原理,然后根据这些基本原理去导出新的定律,甚至整个科学的思想体系。这个研究过程反过来又促进了数学的发展。

惠更斯在天文学、物理学、机械设计等方面也有杰出的贡献。

惠更斯还给出了计算概率博弈的方法:

惠更斯的"值"同帕斯卡押宝的概念类似,但在概率博弈中,惠更斯可以明确地计算它。用现代术语说,一个机会的"值"就是期望,即一个人如果进行许多次某一赌博可以赢取的平均数量。一个人大概愿意支付这一数量以取得玩一个公平赌博的机会。这是数学期望第一次被提出,由于当时概率的概念尚不明确,后来被拉普拉斯用来定义古典概率。在概率论的现代表述中,概率是基本概念,数学期望则是二级概念,但在历史发展过程却顺序相反。

惠更斯的《论赌博中的计算》作为概率论的标准教材在欧洲多次再版,直至 1713 年雅各布的《猜度术》出版才抑制住该书的再版。然而其影响还在继续,因《猜度术》的第一卷就是《论赌博中的计算》的注释,并借此建立了第一个大数定理。棣莫弗的《机会学说》也是在该书的基础上,由二项分布的逼近得到了正态分布的密度函数表达式。拉普拉斯在此基础上给出古典概率的定义。因此,惠更斯对古典概率的影响是重要而持久的,其方法可看作那一时期的特点。该书的出版是概率论发展史上的一个重要转折点。

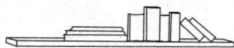

下面，再通过一个简单的游戏来帮助我们了解数学期望：

掷两枚硬币,根据出现正面的次数决定获得奖金的多少。

那么这场游戏的奖金和参赛费应该定为多少呢？举个例子,假设出现正面的时候,每个硬币给 1 元,参赛费是 10 元。

我是小明，游戏的主持者！

我是小虹，游戏的参加者！

小虹交了 10 元的参赛费给小明,掷了两个硬币,结果如下:

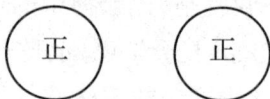

正　　　正

图 4-5

小明:只要给小虹 2 元就可以了,我赚了 8 元。

小虹又交了 10 元参赛费,掷了两个硬币:

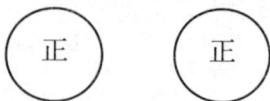

正　　　正

图 4-6

小明:只要给小虹 2 元就可以了,我又赚了 8 元。

虽然小虹两次掷硬币都是出现正面,但最后别说赢得奖金,连原有的 20 元也少了 16 元,因此这个游戏是不公平的游戏。

这次我们来约定出现正面的时候,出现一次给 10 元,参赛费是 1 元。

小虹交了 1 元的参赛费,掷了两个硬币:

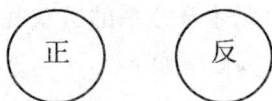

图 4 - 7

小明:我要给小虹 10 元,我输了 9 元。

小虹又交了 1 元参赛费,掷了两个硬币:

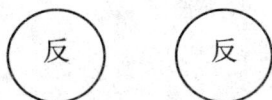

图 4 - 8

小明:这次我赢了。这一局中我赢了 1 元。

但是,两次游戏后小明输掉了 8 元。相反,小虹两次游戏中虽然正面只出现了一次,却赢了 8 元。这个游戏还是不公平的! 这是因为参赛费定的标准不一样的原因。

我们来仔细分析一下,抛掷两个硬币的所有可能结果是

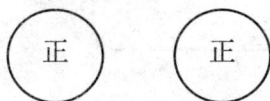

①

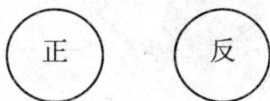

②

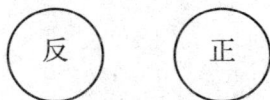

③

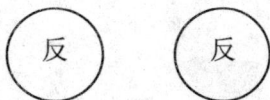

④

骰子掷出的学问——概率

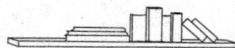

其中共有 4 种可能结果,而

出现 0 个正面:只有 1 种可能结果(④),所以,概率 $= \dfrac{1}{4}$

出现 1 个正面:有 2 种可能结果(②、③),所以,概率 $= \dfrac{2}{4}$

出现 2 个正面:只有 1 种可能结果(①),所以,概率 $= \dfrac{1}{4}$

那么,参赛费要定多少元才是公平的游戏呢?根据前面参赛情况(正面出现 1 次给 10 元),奖金和概率如下:

0 个正面:奖金 0 元,概率 $= \dfrac{1}{4}$

1 个正面:奖金 10 元,概率 $= \dfrac{2}{4}$

2 个正面:奖金 10 + 10 元,概率 $= \dfrac{1}{4}$

把各个奖金和概率相乘后再相加看一下:

$$\left(0 \times \frac{1}{4}\right) + \left(10 \times \frac{2}{4}\right) + \left(20 \times \frac{1}{4}\right) = 10(元)$$

这样求得的 10 元是在这个掷硬币游戏中人们期待的奖金。因此,参加这个游戏,平均下来应该是每局赢得 10 元。

现在你知道参赛费要定多少元是公平的了吗?

我们再来看一个生活中的例子:

某超市开展饮料促销活动,其方法是:凡购买一箱甲饮料的人可得一张抽奖券,抽得一等奖的机会为1%,奖品价值为50元;抽得二等奖的机会为10%,奖品价值为10元;凡购买一箱乙饮料的人也可得一张抽奖券,抽得一等奖的机会为0.5%,奖品价值为150元,抽得二等奖的机会为20%,奖品价值为3元。如果甲乙两种饮料质量等级与价格均相同,那么你购买何种饮料更加合算呢?

购买甲饮料的数学期望值为

$E_1 = 50 \times 0.01 + 10 \times 0.1 + 0 \times 0.89 = 6$ 元

购买乙饮料的数学期望值为

$E_2 = 150 \times 0.005 + 3 \times 0.2 + 0 \times 0.795 = 1.35$ 元

虽然,购买甲种饮料得奖的机会只有11%,而购买乙种饮料得奖的机会为20.5%,但购买甲饮料得奖的期望值比购买乙饮料的期望值大得多,因此购买甲饮料更合算。

其实,在一些赌博游戏中也常常用到数学期望

有些游乐场里有一种赌博游戏。一个色盅里装了三粒骰子,把色盅摇一摇停下来,三粒骰子各显出一个点数。参加游戏的人每次花1元钱买票,并且认定一个点数。比如,他认准"2"。如果有一粒骰子出现"2",他就赢得1元钱。运气好一点,两粒骰子同时出现"2",他就赢得2元;三粒骰子都是"2",赢回3元。同时,主持人都要再退回他一元钱票钱。

这似乎是公平的游戏。如果有六个参赛者分别认定不同的六个点数,而骰子摇出"1"、"3"、"5",那么游戏主持人要向六人中的三人退还票钱,再各付1元。认定"2"、"4"、"6"的三人输了票钱各1元。主持人收入6元,付出6元。而参加者三人赢,三人输,机会均等。

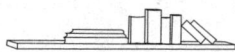

但是有时两粒骰子出现相同的点数，主持人就只退给两个人票钱。于是他收入 6 元而支出 5 元。当三粒骰子点数一样时，收入 6 元而支出 4 元。这么一算，多数参赛者总是要赔钱！

但是有的参加者不这么想，他觉得自己还是有利可图的：比如我认定数字"2"，掷一个骰子时，赢的机会是 $\frac{1}{6}$。现在是三粒骰子，赢的机会是 $\frac{1}{6}$ 的三倍，即 $\frac{1}{2}$，这是公平的！何况，我还可能一次赢回 2 元或 3 元。

怎样才能准确地算出参加者平均每次的赢得的金额呢？

每玩一次游戏，参加者赢得的钱数 X 是不确定的量，叫做"随机变量"。这里，按游戏规则，随机变量 X 可能取 3、2、1 或 -1。

如果三粒骰子都出现了他所要的点数，则他净赢 3 元，即 $X = 3$。这种情况在全部基本事件 $6 \times 6 \times 6 = 216$ 个中只出现一次，故 $X = 3$ 的机会是 $\frac{1}{216}$。

在 216 个基本事件中，有 15 种情形恰有两粒骰子出现所要的点数。这是净赢 2 元，即 $X = 2$ 的机会是 $\frac{15}{216}$。

类似地，$X = 1$ 的机会为 $\frac{75}{216}$。

最后，$X = -1$ 的机会为 $1 - \frac{1}{216} - \frac{15}{216} - \frac{75}{216} = \frac{125}{216}$。

因此，赌徒如果把所有情形都轮一遍，可以赢得：

$$3 \times 1 + 2 \times 15 + 1 \times 75 + (-1) \times 125 = -17$$

即要输掉 17 元。平均每次输去 $\frac{17}{216}$ 元！

从上面的例子不难看出，数学期望在我们的生活中有着非常重要的作用！

试一试

假设现有一种体育彩票幸运彩售价 2 元,各有一个对奖号。假设每售出 100 万张设一个开奖组,用摇奖器当众摇出一个 7 位数的中奖号码(可以认为从 0000000 到 9999999 的每个数都是等可能出现),对奖规则如下:

(1)对奖号与中奖号码的全部相同者获一等奖,奖金 5000000 元;

(2)对奖号与中奖号码的相邻六位相同者获二等奖,奖金 50000 元;

(3)对奖号与中奖号码的相邻五位相同者获三等奖,奖金 1800 元;

(4)对奖号与中奖号码的相邻四位相同者获四等奖,奖金 300 元;

(5)对奖号与中奖号码的相邻三位相同者获五等奖,奖金 20 元;

(6)对奖号与中奖号码的相邻两位相同者获六等奖,奖金 5 元。

另外规定,只领取其中最高额的奖金。那么每张彩票的平均所得奖金额是多少呢?

以 X 记一张彩票的奖金额,P 表示对应的概率,则

表 4 - 2

X	5000000	50000	1800	300	20	5	0
p	$\dfrac{1}{10^7}$ 0.0000001	$\dfrac{2 \times 9^1}{10^7}$ 0.0000018	$\dfrac{3 \times 9^2}{10^7}$ 0.0000243	$\dfrac{4 \times 9^3}{10^7}$ 0.0002916	$\dfrac{5 \times 9^4}{10^7}$ 0.0032805	$\dfrac{6 \times 9^5}{10^7}$ 0.0354294	0.9609723

所以每张彩票的平均所得为

$E(X) = 0.5 + 0.09 + 0.04374 + 0.08748 + 0.06561 + 0.177147 + 0$

$= 0.963977 \approx 0.96(元)$

这也意味着:每一开奖组把筹得的 200 万元中的 96 万元以奖金形式返回彩民,其余的 104 万元则可用于体育事业及管理费用。

三、使用概率的法则

现在我们知道了古典概率,接下来需要了解一些关于概率的法则,这样才能解决更多的有趣的问题。

现在有十张扑克牌:

思考一下从中抽取一张的结果。现在求取出的牌是 3 的倍数或者 5 的倍数的概率。总结果数是 10,想要的结果的牌数如下

$$3 \quad 5 \quad 6 \quad 9 \quad 10$$

想要的结果数是 5 种,因此它的概率就是 $\frac{5}{10}=\frac{1}{2}$。

我们也可以这样来考虑

出现 3 的倍数或者 5 的倍数有下面两种结果

①出现 3 的倍数

②出现 5 的倍数

出现 3 的倍数的概率是 $\frac{3}{10}$;出现 5 的倍数的概率是 $\frac{2}{10}$。

这两个概率相加为 $\frac{3}{10}+\frac{2}{10}=\frac{5}{10}=\frac{1}{2}$,正好等于先前问题的概率!

因此,两种结果用"或者"联系的话,各种结果的概率的和是总概率。这叫做概率的**加法法则**。

思考

当然,我们所说的只是简单的情况。在下面的情况里,它还成立吗?

求抽出的牌是 3 的倍数或者 6 的倍数的概率。

想要的结果数是 3、6、9,因此它的概率就是 $\frac{3}{10}$。如果机械地运用加法法则,它的概率就是 $\frac{3}{10}+\frac{1}{10}=\frac{4}{10}\neq\frac{3}{10}$,为什么?

哈哈,上面讲到的加法法则只适用于每种结果数中没有公共元素的情况,如果有公共元素,你自己试试应该怎么算呢?

我们再来看一个游戏:

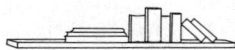

骰子掷出的学问——概率

同时掷两枚骰子,两个骰子都是 1 点。当然是偶然的结果。

那么用这种方式投掷两个骰子的时候,求点数相同的概率。

首先,求出总结果数。各个骰子出现点数相互不同的结果数是 6 种。因此,同时掷两个骰子的时候,出现的总结果数是 $6 \times 6 = 36$ 种。

那么想要的结果数是多少呢? 有 6 种结果。那么,掷两个骰子出现点数相同的概率是 $\frac{6}{36} = \frac{1}{6}$。

也可以这样分析

第一个骰子是 1 而且第二个骰子也是 1

或者

第一个骰子是 2 而且第二个骰子也是 2

或者

第一个骰子是 3 而且第二个骰子也是 3

或者

第一个骰子是 4 而且第二个骰子也是 4

或者

第一个骰子是 5 而且第二个骰子也是 5

或者

第一个骰子是 6 而且第二个骰子也是 6

第一个骰子出现 1 点的概率是 $\frac{1}{6}$,而且第二个骰子出现 1 点的概率也是 $\frac{1}{6}$。那么,第一个骰子出现 1 点,并且第二个骰子也出现 1 点的概率是 $\frac{1}{36}$。这是 $\frac{1}{6} \times \frac{1}{6} = \frac{1}{36}$ 的结果。这样两种结果用"并且"联系的时候,各种结果的概率的乘积就是所求的概率。这叫做概率的**乘法法则**。

那么,其他 5 种结果的概率也都是 $\frac{1}{36}$,并且 6 种结果都用"或者"联系

的话,根据概率的加法法则,总概率如下:

$$\frac{1}{36}+\frac{1}{36}+\frac{1}{36}+\frac{1}{36}+\frac{1}{36}+\frac{1}{36}=\frac{6}{36}=\frac{1}{6}$$

这又是相同的结果！像这样灵活运用概率的乘法法则和加法法则的话,可以很容易求出复杂结果的概率。

如同加法法则有前提条件——事件不能同时发生一样,乘法法则也有前提条件:

老战士向新战士介绍经验:当敌人向我们阵地打炮的时候,你最好滚到新弹坑里藏身。因为短时间内不太可能有两发炮弹落到同一地点！

很多人都有类似的想法:新弹坑要安全一点,因为两发炮弹落到一点的可能性小;昨天有飞机失事,今天乘机要安全一些,因为连续两天都有飞机失事的可能性小;如果连续生了三个孩子都是女孩,下一个很可能是男孩;掷硬币连续五次都是正面朝上,第六次总该反面朝上。

这些都是我们的生活经验惹的祸！因为它们都是**独立事件**[①]。一发炮弹落在什么地方,和另一发炮弹落在什么地方没有关系,它们是相互独立的。昨天从香港飞往纽约的飞机是否失事,与今天从北京飞往上海的飞机是否安全,也彼此无关,是相互独立的事件。

独立事件的概率彼此不受影响。即使硬币一连掷出 100 次正面朝上,再掷下一次时,出现正面朝上的概率仍是 $\frac{1}{2}$,只要硬币本身是均匀的。

> 我本身是没有记忆的！
> 不会因为自己前几次出了正面而决心变个花样。

两个独立事件同时发生的概率,等于两个事件的概率之积。连抛三次

① 事件 A(或 B)是否发生对事件 $B(A)$ 发生的概率没有影响,这样的两个事件叫做相互独立事件。

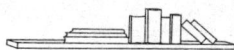

硬币都是正面朝上的概率是多少,根据独立性,马上可以得到 $P = \frac{1}{2} \times \frac{1}{2} \times \frac{1}{2} = \frac{1}{8}$。因为掷一次正面的概率是 $\frac{1}{2}$。这就不用把"掷三次"的所有基本事件都写出来了。

思考

夕夕的三日游

夕夕准备去风景宜人的贵州梵净山旅游,查看了未来三天的天气预报:

三天天气预报数据表

	晴天概率	多云概率	下雨概率
第一天	30%	55%	15%
第二天	75%	20%	5%
第三天	30%	20%	50%

这个天气预报是按照概率给出的,并且只按晴天、多云、下雨三种天气情况分类。以第一天为例,一天中的天气情况划分为晴天、多云、下雨,那么,一天中三种事件的概率之和为1。

那么,第二天不下雨的概率是多少呢?这三天每一天都是晴天的概率又是多少呢?

请你根据之前所学习的知识,帮助夕夕解决一下难题吧!

那么,如果两个事件不是独立事件时,怎么计算呢?

比如，张叔叔有两个孩子。"两个孩子都是男孩"的概率是多少？

如果粗略地统计，生男生女的概率各占一半。两个都是男孩的概率就是 $\frac{1}{2} \times \frac{1}{2} = \frac{1}{4}$。

但是，如果张叔叔告诉你："我的大孩子是男孩。"那么，"两个孩子都是男孩"的概率就不是 $\frac{1}{4}$ 而是 $\frac{1}{2}$ 了。因为，这时只要看老二是男是女——两种可能性各占一半。

如果张叔叔说："我至少有一个男孩。"答案又如何呢？这时，"两个孩子都是男孩"的概率就变成了 $\frac{1}{3}$。

要把问题彻底弄清楚，最切实的办法还是列出所有的基本事件：

男、男　　男、女　　女、男　　女、女

我们从开始出发，当我们什么都不知道时，两个男孩的概率是 $\frac{1}{4}$。

当我们知道老大是男孩，基本事件中的"女、男"，"女、女"就被排除了，只剩下两个，在这两个之中，都是男孩的概率是 $\frac{1}{2}$。

当我们知道至少有一个男孩时，基本事件中只排除了"女、女"。这时，两个男孩的概率是 $\frac{1}{3}$。

然而，这样从头算起，在很多情形下是很复杂且不必要的。**条件概率**的概念可以帮助我们把问题简单化。

在已知事件 A 发生的条件下，事件 B 发生的概率，就叫做"B 在条件 A 之下的条件概率"。用 $P(B|A)$ 来表示。

用下列公式来计算条件概率：

$$P(B|A) = \frac{P(AB)}{P(A)}$$

这里，$P(A)$ 记为事件 A 的概率，"AB"表示事件 A 与 B 同时发生，$P(AB)$ 表示 A、B 同时发生的概率。

用这个公式,就可以验证刚才的计算结果:用 B 表示"两个都是男孩", A_1 表示"大的是男孩", A_2 表示"至少有一个男孩"则:

$$P(A_1B) = P(A_2B) = P(B) = \frac{1}{4}$$

$$P(A_1) = \frac{1}{2}, P(A_2) = \frac{3}{4}$$

于是

$$P(B|A_1) = \frac{P(A_1B)}{P(A_1)} = \frac{1/4}{1/2} = \frac{1}{2}$$

$$P(B|A_2) = \frac{P(A_2B)}{P(A_2)} = \frac{1/4}{3/4} = \frac{1}{3}$$

思考

如果张叔叔有三个孩子,那么已知其中有一个是女孩,另外两个孩子是一男一女的概率是多少?

张叔叔家有 3 个孩子,性别的所有可能为:

(女,女,女)(女,女,男)(女,男,女)(女,男,男)

(男,女,女)(男,女,男)(男,男,女)(男,男,男)

记 $A = \{已经有一个为女孩\}$,则有

$$A = \left\{ \begin{array}{l} (女,女,女)(女,女,男)(女,男,女)(女,男,男) \\ (男,女,女)(男,女,男)(男,男,女) \end{array} \right\},$$

记 $B = \{2个女孩一个男孩\}$,有

$$B = \{(女,女,男)(女,男,女)(男,女,女)\}$$

则 $P(B|A) = \frac{3}{7}$

让我们回到拉普拉斯的古典概率当中来,古典概率只能计算可能结果

总数有限且每种结果等可能的概率。比如之前的抽扑克牌或者投掷硬币的游戏。

实际上，许多随机实验的基本事件的个数并不都是有限多个。例如测量一个工件的长度时，因误差的可能结果可以有无限多个，而且即使基本事件只有有限个，其出现的可能性也不一定相等。例如射手射击一目标，"中靶"与"脱靶"一般不是等可能的。

如果随机事件可能结果总数是无限的，但是每种可能结果都等可能出现的情况，我们又该如何？

让我们继续寻找答案吧……

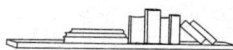

骰子掷出的学问——概率

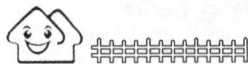

第五章

生活中有趣的概率现象

概率论的思想通常都很微妙,当工程师估计核反应堆的安全时,他们用概率论确定某个部件及备用系统出故障的似然性。当工程师设计电话网络时,他们用概率论决定网络的容量是否足够处理预期的流量。当卫生部门的官员决定推荐公众使用的一种疫苗时,他们的决定部分地依据概率分析,即疫苗对个人的危害及保证公众健康的益处。概率论在工程设计、安全分析,乃至整个文化的决定中,都起着必不可少的作用。

一、难以置信的生日问题

下面我们先来讲一个真实的故事:

在美国的弗吉尼亚州,出现了一对"奇迹的父母",他们的 5 个孩子虽然年龄各不相同,但生日全部一样,都在 2 月 20 日出生!

真是大千世界,无奇不有。那么,这种同一父母所生的 5 个子女,生日全都相同的概率究竟有多大呢?且看下表:

表 5 - 1

称呼	姓名	2 月 20 日出生的概率
长女	卡莎琳	$P_1 = 1$
次女	卡罗尔	$P_2 = \dfrac{1}{365}$
儿子	查尔斯	$P_3 = \dfrac{1}{365}$
三女	克罗蒂亚	$P_4 = \dfrac{1}{365}$
小女	赛茜莉娅	$P_5 = \dfrac{1}{365}$

长女生日是随机的,尽管她带头选择了 2 月 20 日赶到人世,然而对于她,生日的选择是不受约束的,因而 $P_1 = 1$。对于次女,情况则有所不同。她要与她姐姐生日相同,就只能在全年 365 天中特定的一天出生,因而 $P_2 = \dfrac{1}{365}$。同理可得其他三人在 2 月 20 日出生的概率,均为 $\dfrac{1}{365}$。由于以上 5 个各自独立的出生事件是同时出现的,因此 5 个都出现的概率应为

$$P = P_1 \cdot P_2 \cdot P_3 \cdot P_4 \cdot P_5 = 1 \cdot \left(\frac{1}{365}\right)^4 = \frac{1}{1.77 \times 10^{10}}$$

也就是说,这种现象出现的概率只有一百七十七亿分之一!这是多么

稀奇,多么难得的事啊!

现在,换另一个问题

如果你的 30 个同学说,他们每个人都要在自己生日的当天举办聚会。听起来真棒,可是你又不得不想——如果他们的生日是同一天怎么办? 不过一年有 365 天,看起来聚会撞车的机会不大,是不是?

但是结果可能和看上去的不一样。让我们先算一下所有人的生日都不在一天的机会是多少,这样可能会容易一点。

设想一下你的同学都排成一排,而且他们中任何两个人的生日都不在同一天:

你的第 1 个同学的生日可以是 365 天中的任何一天,这个概率是 $\frac{365}{365}=1$。我们可以百分之百确定,他不会和任何人是同一天生日,因为这是我们前面的约定。

你的第 2 个同学和第 1 个同学生日是同一天的机会有多少? 是 $\frac{1}{365}$,所以不是同一天的概率是 $\frac{364}{365}$。

如果你前两个同学生日不同,那么第 3 个同学和其中一个生日相同的机会是多少? 是 $\frac{2}{365}$,所以生日不同的概率是 $\frac{363}{365}$。

于是可以算出你的前 3 个同学生日不同的概率。

看看下面的树形图:

第1个人自己 $\xrightarrow{365/365}$ 第1和第2个同学 $\begin{cases} \dfrac{1}{365} 生日聚会撞车 \\[2mm] \dfrac{364}{365} 第三个同学 \begin{cases} \dfrac{2}{365} 生日聚会撞车 \\[2mm] \dfrac{363}{365} 都不是同一天生日 \end{cases} \end{cases}$

图 7-1

接着,将不是相同生日的概率乘起来,$\dfrac{365}{365} \times \dfrac{364}{365} \times \dfrac{363}{365}$,结果是 99.18%,也就是说这 3 个人的生日非常可能是不同的。

现在再看第 4 个同学:

除了前 3 个同学的生日,第 4 个同学如果想生日不同,就只能有 362 天中的某一天了,所以概率是 $\dfrac{362}{365}$。

第 5 个同学生日不同的概率是 $\dfrac{361}{365}$。

你现在知道这个公式了。开始的时候是

$$\frac{365}{365} \times \frac{364}{365} \times \frac{363}{365} \times \frac{362}{365} \times \cdots$$

末尾是 $\cdots \times \dfrac{338}{365} \times \dfrac{337}{365} \times \dfrac{336}{365}$

简单地写,就是 $\dfrac{365!}{365^{30} \times 335!}$

现在你可能会想,最后的结果到底是多少呢?计算器运行后,最后的结果是 0.29368,也就是 29.37%。因此,30 个人生日不同的可能性小于 30%,而有 70% 以上的可能是:他们至少两个人生日是同一天。这和咱们的生活经验相差甚远!

如果你有一台计算机,还可以算出更多人的情况。

在一群人中,至少两个人生日相同的概率是

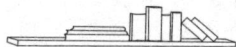

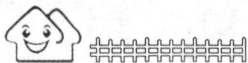

人数	至少两个人生日相同的概率
5	2.71%
10	11.7%
15	25%
20	41%
23	51%
25	57%
30	71%
35	81%
50	97%

这个结果告诉我们,如果你所在的班级或单位有 50 位同学或同事,那么至少两人生日相同的可能性将达到 97%,你相信这个结果吗?不妨去实地调查一下吧。

另外,如果一个组有 23 人,情况会变得很有趣,因为这是两个人生日相同的机会比不相同的机会刚刚好多一点的最少的人数。如果是 100 个人,每个人生日不相同的概率只有 $\dfrac{1}{3000000}$!

生日问题是概率论发展早期数学家们所关心的罐子模型中的一个特例。

所谓罐子模型问题,就是 r 只球在 n 个罐子中的分布的概率问题。这类问题首先由胡迪(J. Hudde)提出,后来在《惠更斯选集》的第 14 卷中给出了罐子模型这一术语及问题的解。将生日问题中的人对应为球,生日对应为 365 个罐子,研究球落入罐子的各种分布的概率,生日问题就转化为罐子模型问题了。

同样地,将生日问题中的人换成意外事件、乘客、印错的字,相应的生日换成星期几、楼层、书的页数等等,便转化为应用极为广泛的其他许多生活中的实际问题,如表5-2所示。

表5-2

问题名称	球	罐子	概率问题举例
生日问题	r 个人	一年中的365个生日	恰有 $m(m \leq r)$ 人生于同一天
分房问题	r 个人	n 个房间	恰有 $m(m \leq r)$ 个房间各进一人
占位问题	r 只球	n 只盒子	指定的 $k(1 \leq k < n)$ 盒中各有一球
不幸事件问题	r 个意外事件	一星期中的七天	周一至少发生一起意外事件
电梯问题	r 个乘客	n 个楼层	若设 $r \geq n$,每个楼层都有人走出电梯
印错问题	r 个印错的字	一本书有 n 页	指定的一页上至少有两个字印错

二、为什么赌场总是赢

无论是在豪华的拉斯维加斯,还是在世界上其他数千个城市,或者在电影中,我们都能看到赌场在营业。这些地方充满了焦躁的赌徒和好奇的游客,玩着各种各样的赌博游戏,从老虎机到轮盘赌,掷骰子,选基诺球,打

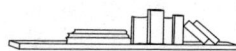

扑克牌,再到21点。就每一种赌博游戏来说,什么事都会发生:有人发财,有人破产。

然而,所有的随机性中都隐藏着一项确定无疑的事实——长远来看,赌场总是在赚钱!

接下来为你揭晓真相——

赌场的收益是由许多各自独立的赌博行为综合决定的。每小时,可能就有成百上千次赌博在轮盘上进行,成千上万次赌博在老虎机上或其他机器上进行。尽管每一位赌客可能只是参与过几次赌博,但赌场作为一个整体所卷入的赌博次数却是极其多的。

当随机事件一次次重复发生,成功的比例就会越来越接近于一个平均值。由大数定律可知,一种赌博游戏,即使平均来讲只是对你略微有利,只要玩的次数足够多,最后你肯定会赢;同样,一种赌博游戏,即使平均来讲只是略微对你不利,只要玩的次数足够多,最后你肯定会输。所以,虽然每一次赌博游戏都是独立的、与以前无关,但是从长远看,起决定作用的却是这一游戏的平均输赢次数。

因此,赌场总是赢的关键在于,每一种赌博游戏都是略微对赌场有利的。

每种赌博游戏的赔付规则都经过专门设计,这是为了保证赌场不至于亏本,虽然在每一次赌博当中什么事都可能发生,但长远来看,平均总是赌场要稍稍占先。下面我们以轮盘赌为例来说明:

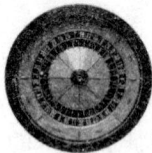

轮盘赌中的事件序列有如下特点:

每一次转轮盘,每一次出结果,都与前一次不相关联。轮盘赌机并没有记忆力,只要轮盘没有被人作弊"固定"在某个数字,只要游戏规则是公正的,那么这一盘你是赢是输对你下一盘不会有任何影响。

如果轮盘赌机没有记忆力,如果每次转盘彼此互不关联,怎么会有接二连三走好运的事发生呢?如果运用概率法则,我们能否预测这样的事件序列呢?要回答这些问题,让我们仔细分析一下一连串好运背后的秘密吧。

赌场的轮盘赌机上共有 37 个小槽,编号从 0 到 36。轮盘每转一次停下后,盘上的小金属球就会落进其中某个小槽。赌注可以押在单数或双数上。当然,如果我们只考虑 1 至 36 这些数字,其中单数和双数各 18 个,那么我们自然会认为赌场的经营会赚赔相当:因为平均说来,一半的赌注会押在单数上,另一半会押在双数上,而赌场会把从这一半上赚到的钱赔到那一半上去。然而,0 这个数字才是确保赌场经营轮盘赌只赚不赔的秘诀。0 在这里既不是单数也不是双数,如果金属球落进 0 号小槽,赌场就会将押在单数和双数上的所有赌注尽收囊中。因此,37 个小槽中有一个能保证赌场坐收渔翁之利。金属球落进 0 号槽的概率为 $\frac{1}{37}$,轮盘每天大约转 500 次,那么平均下来赌场每天会有 13 至 14 次的机会通吃整场赌注。美国赌场的轮盘赌更有利于赌场赚钱,轮盘赌机上既有 0 号槽又有 00 号槽,因此所中数字既非单数又非双数,从而赌场通吃所有赌注的概率为 $\frac{2}{38}$。无论哪种情况,赌场的收益率都是很可观的($\frac{1}{37}$ 意味着 2.7% 的收益率,$\frac{2}{38}$ 则为 5.26% 的收益率)。从长远来看,这些百分数可以被视为相当准确的预测。

简而言之,要赚钱,赌场不必有好运气,只要有耐心。赌客们也许会把赢的希望寄托在"手气好"、"幸运数"这样的幻想上,而赌场则把希望寄托在更确定的事项——大数定律上。

不过,偶尔也会出现令赌徒和赌场都瞠目结舌的事件。

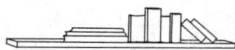

告诉你一个真实的故事

1873 年，蒙特卡罗一家名为"纯艺术"的赌场就发生了这样的事件。一个名叫约瑟夫·贾格斯的英国工程师赢得了一笔巨款。他的助手提前一天到赌场，记录下当天出现的所有数字。贾格斯仔细研究这些数字，试图摸索出其中隐藏的非偶然规律。六台轮盘赌机中有五台运作都非常正常，但第六台上却有九个数字被选中的几率远远高出一般概率。第二天贾格斯来到赌场，在那台赌机上专押这 9 个数字。到第四天结束时，他已经赢了 30 万美元。

贾格斯之所以交好运，并不是赢在数学上，而是赢在物理学上。那台轮盘赌机上有一条小裂缝，正是这条裂缝让那 9 个数字出现的频率高于统计学的估算。从那以后，蒙特卡罗赌场的轮盘赌机每天都要由专业技师检查调试，以确保所有数字被选中的几率相同。

蒙特卡罗赌场曾见证过一次极不寻常的轮盘赌，而且这次并非由于轮盘上有裂缝。1913 年 8 月 18 日，双数连续出现了 26 次。考虑到轮盘每一次旋转可能出现的 37 个数字中有 18 个双数，某一双数在一轮中出现的概率就是 $\frac{18}{37}$。连续出现 26 次双数的概率为 $\left(\frac{18}{37}\right)^{26}$，结果是 0.000000007！假如有谁真的胆大到连续 26 次坚持把赌注押在双数上，同时极有先见之明地适时停止下注，那会多么幸运啊。然而，怀着单数迟早会出现的期待，蜂拥而至的赌徒们在不同时刻纷纷放弃了双数，直至最后无人能从这场赌局中获益——除了赌场之外。

"双数"连续出现 26 次能够称之为"运气"吗？请记住：一台轮盘赌机每天大约转动 500 次，而且每天都有 4、5 台甚至更多台同时开转。一年四季赌场几乎天天营业，迄今已运营 125 年之久。终有一天会出现不同寻常的结果,而这种结果的产生完全不依赖于任何特别的机制:除了运用概率法则将逐次概率相乘,其他任何解释都是多余的。要预测下一步会发生什么情况简直是白费气力,因为这种结果太过稀有——简直是百万分之一的偶然几率,在基数够大的情形下,甚至是五亿分之一的几率!从这个意义上说,结果是可预测的——我们估算各个数字出现的概率,假如所分析的样本足够大,就可以根据数学推算找出极端偶然事件出现的几率。比起预测某种罕见疾病的爆发或者整个足球赛季的输赢结果,预测轮盘赌中某种异乎寻常的结果的出现要容易得多。

我们之所以能够进行这样的运算,完全是因为在轮盘赌机正常公正地运转时,每次转盘的结果是互不相干的;由于每一次转盘的结果都与前一次无关,每一数字出现的概率是固定不变的,所以我们无须了解其他情况。但是这种完全的无关性对于赌徒而言却意味着绝望:既然这一把的输赢结果对下一把毫无影响,他们就无从知晓下一把可能发生什么情况,诸如"单数早该出现了"之类的想法被视为赌徒们惯有的谬误。在轮盘赌中,小球在轮盘上的每一次转动都是一次全新的开始,无论是在第一次还是在第一百次。这确实有点矛盾:当所有可能结果均考虑在内时,依照概率原理所做出的预测,我们可以准确得知小球转动可能出现的某些奇特结果的概率;对于单次结果的具体细节,准确的预测却是不可能的。这些统计学数据仅仅有助于预测出现某种结果的概率。

然而在生活中确实有些小概率事件,即使我们很难查询这些数字是从那里来的:

一个人被雷电击中的可能性是 $\dfrac{1}{600000}$;

明年,小行星击中地球的可能性是 $\dfrac{1}{1000000}$;

一个人从公共汽车掉下来的可能性是 $\dfrac{1}{1000000}$ 。

闪电也是一样,如果你很不幸,被闪电击中过一回,可不要在雷雨天爬到长城上去,觉得坏运气已经光顾过你了,你不会被再次击中。实际上,一

个美国的公园管理员被闪电击中过 7 次,他都奇迹般地活了下来。你能想像这种概率是多少吗?

三、抽签先后无所谓

思考

商场举办有奖活动,只要购买超过 100 元的商品,便可以参加抽奖活动。抽奖券放在一个大的纸箱中,其中:

一等奖 1 名,奖品是 42 寸的液晶电视;

二等奖 2 名,奖品是智能手机;

三等奖 6 名,奖品是电压力锅;

优胜奖若干名,奖品是 50 元商场代金券。

妈妈让夕夕和她大清早起来去逛商场,说是先到先得;爸爸这时说:"早去抽到的都是没有奖的,等别人抽一抽,也好让你得奖的机会大点。"夕夕说:"早到和晚到都不好,早到没奖的太多,晚到奖都被人抽走了,不如吃了中午饭慢慢走过去好。"

他们三个人的说法哪个比较有道理呢? 如果是你的话,会什么时候去?

我们用学过的知识来分析一下吧

打个比方,在 5 张票中有 1 张奖票,5 个人按照排定的顺序从中各抽 1 张以决定谁得到其中的奖票。那么,先抽还是后抽(后抽人不知道先抽人抽出的结果),对个人来说是公平的吗? 也就是说,个人抽到奖票的概率相等吗?

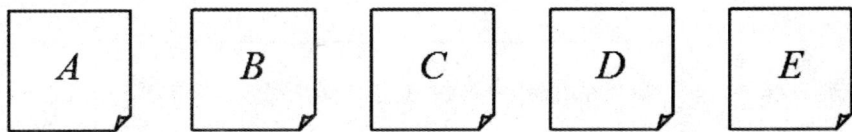

| A | B | C | D | E |

图 5 - 1

如图所示,共有五张票,显然,对第一个抽票者来说,他从 5 张票中任抽 1 张,得到奖票的概率 $P_1 = \dfrac{1}{5}$。为了求得第 2 个抽票者抽到奖票的概率,需要把前 2 人抽票的情况做整体分析。从 5 张票中先后抽出 2 张,共有

$(A,B)(A,C)(A,D)(A,E)(B,A)(B,C)(B,D)(B,E)(C,A)(C,B)$
$(C,D)(C,E)(D,A)(D,B)(D,C)(D,E)(E,A)(E,B)(E,C)(E,D)$

20 个基本事件数;

假设五张票中,E 是唯一的奖票。则其中第 2 个人抽到奖票的情况为 $(A,E)(B,E)(C,E)(D,E)$ 4 种。

因此,第 1 人未抽到奖票,而第 2 人抽到奖票的概率为

$$P_2 = \frac{4}{20} = \frac{1}{5}$$

通过类似的分析,可知第 3 个抽票者抽到奖票的概率

$$P_3 = \frac{12}{60} = \frac{1}{5}$$

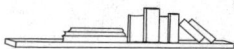

骰子掷出的学问——概率

如此下去,我们可求得第 4 个抽票者和第 5 个抽票者抽到奖票的概率也都是 $\frac{1}{5}$。

一般地,如果在 n 张票中有 1 张奖票,n 个人一次从中各抽 1 张,且后抽人不知道先抽人抽出的结果,那么第 i 个抽票者($i = 1, 2, \cdots, n$)抽到奖票的概率

$$P_i = \frac{1}{n}$$

即每个抽票者抽到奖票的概率都是 $\frac{1}{n}$,也就是说,抽到奖票的概率与抽票的顺序无关。

如果在5张票中有2张奖票,结果又会怎样?

5 个人依次从中各抽 1 张,我们再来研究一下各个抽票者抽到的概率。

显然第 1 个抽票者抽到奖票的概率是 $\frac{2}{5}$。下面来求第 2 个抽票者抽到奖票的概率。在前 2 个抽票者抽票的所有 20 种情况中

$(A,B)(A,C)(A,D)(A,E)(B,A)(B,C)(B,D)(B,E)(C,A)(C,B)$
$(C,D)(C,E)(D,A)(D,B)(D,C)(D,E)(E,A)(E,B)(E,C)(E,D)$

第 2 个抽票者抽到奖票的情况(假设 A、E 是奖票)有 $(A,E)(B,A)(B,$ $E)(C,A)(C,E)(D,A)(D,E)(E,A)$ 共 8 种。

因此,第 2 个抽票者抽到的概率是

$$P_2 = \frac{8}{20} = \frac{2}{5}$$

同理,可求得以后各个抽票者抽到奖票的概率都是 $\frac{2}{5}$。

通过对上面问题的简单分析,我们看到在抽签时顺序虽然有先有后,但只要不让后抽人知道先抽人抽出的结果,那么各个抽签者中签的概率是相等的,也就是说,并未因为抽签的顺序不同而影响其公平性!

这样看来,对商场举办的活动,到底应该先去还是后去,你该是心中有数了吧!

四、有奖游戏中的玄机

电视上让参赛者选择装有不同奖励盒子的游戏节目非常普遍。选对了盒子,则盒子里的奖品就是你的;选错了盒子,盒子里的东西往往令人失望。这样的游戏不仅仅包含选择盒子这样一个简单行为,通常还伴随着一系列的行为来影响你的判断和决定。

我们来看看下面这个游戏

参赛者面前有三个盒子,

A   B   C

其中一个盒子里有 10000 元,而另外两个盒子里各有 10 元。参赛者选择了盒子 A,但没有打开。主持人随之打开另外两个盒子中的一个,里面是 10 元。然后,主持人问参赛者是坚持他原来的选择还是换成另一个没有打开的盒子。

参赛者对这样的提议感到困惑:既然只有两个盒子没有被打开,其中一个装有 10000 元大奖,那么每个盒子里装有大奖的概率各是 50% ,机会是一样的,所以他可能还是坚持原来的选择。这样的推理似乎无瑕疵,但是他做了错误的选择。

如果他选择换成另一个盒子,赢得大奖的概率是坚持原来选择的两倍!

本游戏的关键点是主持人知道大奖在哪个盒子里而且他总是会打开一个藏有 10 元的盒子。现在,假定参赛者起初选择了盒子 A。盒子里所有可能结果如图 5 -2 所示。

首先,我们假定参赛者决定不换盒子。如果盒子摆放如图 5 -2 第一行所示,那么他将赢得奖金;然而,如果是另外两种情况,他在盒子里找到的将是 10 元,他获胜的可能性是 $\frac{1}{3}$ 。

盒子

概率	A	B	C
1/3	10000 元	10 元	10 元
1/3	10 元	10000 元	10 元
1/3	10 元	10 元	10000 元

图 5 - 2

那么,我们假定他总是决定换盒子。如果摆放如第一行所示,那么参赛者拿到 10 元;但是,如果摆放如第二行所示,那么主持人将打开盒子 C,更换盒子 B,他将赢得大奖;同样,如果摆放如第三行所示,主持人会打开盒子 B,参赛者将选择打开盒子 C,同样赢得大奖。因此,参赛者获胜的概率是 $\frac{2}{3}$,恰好是他选择不换盒子的两倍!

因为所有的盒子是等价的,所以选定的是哪一个盒子都没有关系。在这种情况下,如果更换盒子,参赛者将有更大的获胜可能。

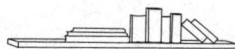

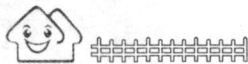

快乐阅读书系

第六章

用概率求圆周率的启示

　　圆周率 π 是圆周长与直径的比值。一部计算圆周率的历史,被誉为人类文明的标志。公元前 3 世纪,古希腊著名学者阿基米德首先在完全科学的基础上,计算出 π≈3.14。公元 263 年前后,我国魏晋时期的数学家刘徽,利用割圆术计算了圆内接正 3072 边形的面积也求得 π≈3.14。又过了约 200 年,我国南北朝时期杰出的数学家祖冲之,用至今人们还不十分清楚的方法,确定了 π 的真值在 3.1415926 到 3.1415927 之间。祖冲之的这一光辉成果,要比国外科学家早大约一千年。今天,人们为了纪念这位卓越的数学家的不朽功绩,特将月球背面的一个山脉以"祖冲之"命名。

| 阿基米德 | 刘　徽 | 祖冲之 |

　　祖冲之之后的第一个重大突破,是阿拉伯数学家阿尔·卡西计算出的 π 值。他计算了圆内接和外切正 $3 \times 2^{28} = 805306368$ 边形的周长后得出:

$$π≈3.1415926535897932$$

　　1610 年,德国人鲁道夫把 π 算到了小数点后 35 位。往后,纪录一个接一个地被刷新：1706 年，π 的计算突破了百位大关，1842 年达到了 200 位，1854 年又突破了 400 位……

一、一起来做个试验吧

动动手

找一个很圆的东西，比如说一个杯子或一个硬币。量一量外面的尺寸（最好用绳子绕着量，然后再用尺子量这段绳子）。再量一下圆的直径，用圆周除以直径，这个比值就是我们说的圆周率。你得到的比值与你用的圆的大小没有关系，你的答案应该超过 3。如果你做得精确一点，答案应该是 3.14。做得更精确一点，答案会是 3.1416。假设你能一直做下去的话，答案应该是 3.1415926…

你做得越精确，小数点后面的数就越多，当然你能达到的精确程度是有限度的。如果你真的想做，你可以测量地球的周长，然后钻一个洞从地球的中间通过，测量一下直径。如果你将精度调到毫米的千分之一的话，会得到这么一个结果

$$3.141592653589793$$

但是这样还不是完全的对！确切的结果不能够以有限小数形式写下

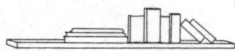

来,所以我们用 π 表示圆周率。几千年以来,数学家们一直努力计算确切的 π 值。

数学家们发现了许多奇异的方法,例如下面就是一些他们使用过的公式:

$$\pi = 3 \times \left(1 + \frac{1^2}{4 \times 6} + \frac{1^2 \times 3^2}{4 \times 6 \times 8 \times 10} + \frac{1^2 \times 3^2 \times 5^2}{4 \times 6 \times 8 \times 10 \times 12 \times 14} + \cdots \right)$$

或者

$$\frac{\pi}{2} = \frac{2 \times 2 \times 4 \times 4 \times 6 \times 6 \times 8 \times 8 \times 10 \times \cdots}{1 \times 3 \times 3 \times 5 \times 5 \times 7 \times 7 \times 9 \times 9 \times \cdots}$$

或者

$$\frac{\pi}{4} = \arctan\left(\frac{1}{2} \right) + \arctan\left(\frac{1}{3} \right)$$

看起来非常奇怪,有些时候非常难的问题可以用可能性法则解决。当纯粹的数学家计算几百万位数的巨大数字的时候,我们通过掷骰子之类的方法就可以解决问题。

用可能性法则计算 π 值的时候有一个非常简单的方法,我们都能明白。

传统的方法是选择一块有条状间隔的地面,重要的是地板间的缝隙应该非常小,而且它们之间的距离应该是相等的。

你还需要一根细棍(吃冰棍剩下的木棍就可以),其长度要不大于地板的宽度,为了简单起见,可以让它的长度恰好等于地板宽度。

如果你没有地板,你还可以找一张大纸,画一些距离相等的直线,不必像地板那么宽,5 厘米就够了。再找一个 5 厘米长的火柴,我们就可以开始实验了。

请你跟我这样做——

把细棍举起来,扔下去!捡起来,再扔下去!捡起来,再扔下去! 不断

重复。记住你一共扔了多少次,数数细棍碰到缝隙的次数有多少(细棍的一端只要压在缝隙上面一点点,都算)。

你扔了许多次以后(比如说 100 次),再开始计算。把你扔的次数乘 2,除以细棍碰到缝隙的次数,结果应该是 π 的近似值。

假设你扔了 100 次,碰到缝隙的是 64 次。你算出的是 $\frac{2 \times 100}{64} = 3.125$。

对于 π 来说,这个结果还不算坏。当然,你扔的次数越多,结果会越精确。

要知道我国古代数学家祖冲之,为了计算圆周率 π 的近似值,可是花了十几年的时间,才取得了举世瞩目的成就!

祖冲之与圆周率 π

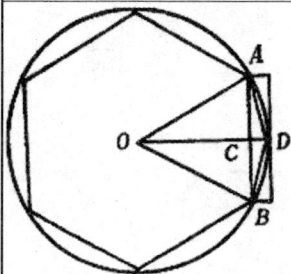

祖冲之关于圆周率的贡献记载在《隋书》中,《隋书·律历志》说:

"祖冲之更开密法,以圆径一亿为一丈,圆周盈数三丈一尺四寸一份五厘九毫二秒七忽,朒数三丈一尺四寸一份五厘九毫二秒六忽,正数在盈朒二限之间。"

这就是说,祖冲之算出了圆周率数值的上下限:

$$3.1415926 < \pi < 3.1415927$$

史料上没有关于祖冲之推算圆周率"正数"方法的记载。一般认为这个"正数"范围的获得是沿用了刘徽的割圆术。事实上,如按刘徽割圆术从正六边形出发连续算到正 24576 边形时,恰好可以得到祖冲之的结果。

《隋书·律历志》还记载了祖冲之在圆周率计算方面的另一项重要结果:"密率:圆径一百一十三,圆周三百五十五;约率:圆径七,周二十二。"就是说祖冲之还确定了圆周率的分数形式的近似值:约率 $\frac{22}{7}$;密率 $\frac{355}{113}$。祖冲之推算密率的方法同样不得而知。在现代数论中,如果将圆

周率 π 表示成连分数,其渐近分数是

$$\frac{3}{1}, \frac{22}{7}, \frac{333}{106}, \frac{355}{133}, \frac{103993}{33102}, \frac{104348}{33215}, \cdots$$

第 4 项正是密率,它是分子、分母不超过 1000 的分数中最接近 π 真值的分数。"密率"也称"祖率"。16 世纪德国人奥托和荷兰人安托尼兹曾重新推算出圆周率的这个分数近似值。

以上的计算看的是棍子碰到缝隙的可能性。

这是实验的方法。实际扔棍子,数实际的结果,发现 100 次中,有 64 次碰了缝隙。我们的实验结果是,碰到缝隙的机会是 $\frac{64}{100}$。数学计算的最终结果告诉我们,棍子落到缝隙上的机会是 $\frac{2}{\pi}$。因此,

$$\frac{2}{\pi} = \frac{64}{100}$$

所以,计算得到

$$\pi = \frac{2 \times 100}{64} = 3.125 \quad !$$

二、这种方法真的可信吗

当然可以!这个方法来自于法国数学家蒲丰。他是第一个把概率论

和几何问题联系起来的人。

蒲丰(*Buffon*, *George Louis de*, 1707 ~ 1788)

人物小传

　　蒲丰,法国人。1707 年 9 月 7 日生于蒙巴尔。在第戎求学时就酷爱数学和物理学。后来成为一名植物学家。1733 年成为巴黎科学院院士。1739 年任巴黎皇家植物园园长。1771 年接受法王路易十四的爵封。1788 年 4 月 6 日逝世。蒲丰对数学最大的贡献,是于1777 年提出了著名的蒲丰投针问题,这是他从事几何概率研究的成果。蒲丰解这一问题的方法不仅能几何地推算出圆周率的近似值,而且对概率统计的发展起了很大作用。

　　他的广泛的兴趣和优美的文笔,促使他写了《自然史》,这本巨著包括除了无脊椎动物以外的所有自然科学知识。遗憾的是他对无脊椎动物存在偏见,而拒绝研究它们。在他的生物学著作中,体现出他将神学排斥在科学之外的伟大思想。在物种可变性和进化论方面,他是先驱之一。

　　蒲丰投针问题:

　　假设平滑的地面上画有多条平行线,它们相距单位长度。单位长度可以是 1 步、1 米、1 英寸或 1 厘米。假如我们有一根针,令字母 r 表示针的长度,其中 r 小于单位长度(针的长度 r 必须小于两条平行线的间距,这样它才不会同时和两条平行线相交)。

　　现在把针随机地投放到地板上,记录下针是否与平行线相交(蒲丰把针扔得高出肩膀来保证随机性)。如果我们令字母 h 表示针与直线相交的次数,字母 n 表示投掷的次数,那么随着投针次数的增加,比值 $\dfrac{h}{n}$ 就趋近于针与直线相交的概率。蒲丰证明,投针的次数越多,比值 $\dfrac{h}{n}$ 就越接近于 $\dfrac{2r}{\pi}$。

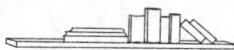

结论是,针与直线相交的概率是 $\dfrac{2r}{\pi}$。而且,用"与直线相交"的次数与投掷次数的比值 $\dfrac{h}{n}$,我们就得到了求解 π 的方程:$\pi = \dfrac{2rn}{h}$。

这是一个惊人的著名结果,蒲丰的发现首次开创了用随机试验方法计算圆周率的先河,引出了概率论的新思想和应用。自从蒲丰公布他的发现以来,人们就成百上千次地把针投到画满平行线的纸上,并记录下比值 $\dfrac{h}{n}$(这里取 $r=1$ 为单位长度),以此检验蒲丰的结论!

而蒲丰这种依赖于几何图形计算概率的模型,在概率论中我们把它叫做**几何概型**。简单地说,如果每个事件发生的概率只与构成该事件区域的长度(面积或体积)成比例,则称这样的概率模型为几何概率模型,简称为几何概型。

几何概型的基本思想——

(1)如果一个随机现象的样本空间① Ω 充满某个区域,其度量(长度、面积或体积等)大小可用 S_Ω 表示。

(2)任意一点落在度量相同的子区域内是等可能的。

(3)若事件 A 为 Ω 中的某个子区域,且其度量大小可用 S_A 表示,则事件 A 的概率为 $P(A) = \dfrac{S_A}{S_\Omega}$。

----

① 将随机实验的一切可能基本结果(或实验过程如取法或分配法)组成的集合称为样本空间,通常记为 Ω。样本空间的元素,即每一个可能的结果,称为样本点。例如设随机试验为"抛一颗骰子,观察出现的点数"。那么样本空间为{1,2,3,4,5,6,}。

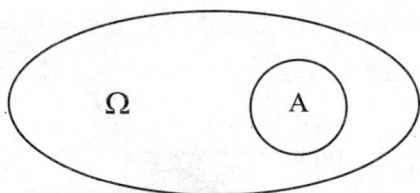

图 6 - 1

比如：对于一个随机实验，我们将每个基本事件理解为从某个特定的几何区域内随机地取一点，该区域中每一个点被取到的机会都一样；而一个随机事件的发生则理解为恰好取到区域内的某个指定区域中的点。这里的区域可以是线段、平面图形、立体图形等等。用这种方法处理随机实验，称为几何概型。

几何概型与古典概型相对，将等可能事件的概念从有限向无限延伸。它们的主要区别在于：几何概型是另一类等可能概型，它与古典概型的区别在于实验的结果不是有限个。

因此，几何概型的特点是：

（1）实验中所有可能出现的基本事件有无限多个；

（2）每个基本事件出现的可能性相等。

我们再来看一些几何概型的有趣的例子

会面问题——甲乙两人约定在下午 6 时到 7 时之间在某处会面，并约定先到者应等待另一个人 20 分钟，过时即可离去。求两人能会面的概率。

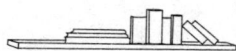

以 x 和 y 分别表示甲、乙两人到达约会地点的时间(以分钟为单位),在平面上建立 xOy 直角坐标系。

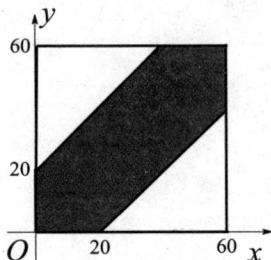

图 6-2

因为甲、乙都是在 0 至 60 分钟内等可能地到达,所以由等可能性知道这也是一个几何概率问题。(x,y) 的所有可能取值是长度为 60 的正方形,其面积为 60^2。而事件 A(两人能够会面)相等于:$|x-y| \leq 20$,即图 6-2 中的阴影部分,其面积为 $60^2 - 40^2$,所以

$$P(A) = \frac{60^2 - 40^2}{60^2} = \frac{5}{9} \approx 0.56$$

所以:按此规则约会,两人能会面的概率不超过 0.6。若把约定时间改为在下午 6 点到 6 点 30 分,其他不变,则两人能会面的概率提高到 0.8889。

对讲机问题——两个对讲机持有者,小明和小虹,对讲机的接收范围为 25 千米,在下午 3:00 时小虹正在距学校正东 30 千米以内的某处向学校行走,而小明在下午 3:00 时正在距学校正北 40 千米以内的某地向学校行走,试问在下午 3:00 以后他们能够通过对讲机交谈的概率有多大?

设 x 和 y 分别代表小虹和小明离学校的距离,于是 $0 \leq x \leq 30, 0 \leq y \leq 40$。则他俩所有可能的距离的数据构成有序点对 (x,y),则所有这样的有序数对构成的集合即为基本事件组对应的几何区域,每一个几何区域中的

点都代表小虹和小明一个特定的位置,他们可以通过对讲机交谈的事件仅当他们之间的距离不超过 25 千米时发生(如图 6 - 3),因此构成该事件的点由满足不等式 $\sqrt{x^2 + y^2} \leq 25$ 的数对组成,即 $x^2 + y^2 \leq 625$。

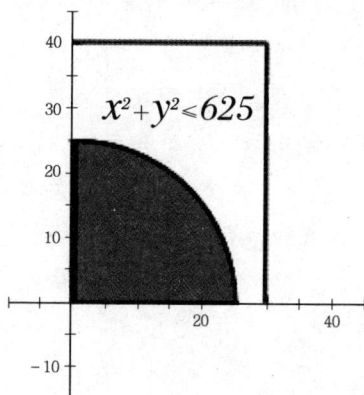

图 6 - 3

图中方形区域代表基本事件组,阴影部分代表所求事件,方形区域的面积为 1200 平方千米,而事件的面积为 $\frac{1}{4}\pi 25^2 = \frac{625\pi}{4}$。

于是有

$$P = \frac{625\pi/4}{1200} \approx 0.41$$

草履虫问题——再看一个有关于体积的例子,瓶子里有 1 升水,其中有一个草履虫,现在从中倒出 0.1 升水,请问倒出草履虫的概率为多少?

应用几何的思想可以很简单得到解答。这个问题就是求在总的 1 升水中取出这 0.1 升水的概率,所以,倒出草履虫的概率为 $\frac{0.1}{1} = 10\%$。

拓展阅读

蒲丰公式的由来

我们先来具体了解一下蒲丰先生当年的工作：

1777 年的一天，法国数学家蒲丰的家里宾客满堂。原来，他们是应主人的邀请来观看一次奇特实验的。实验开始，只见年已古稀的蒲丰先生兴致勃勃地拿出一张纸来，纸上预先画好了一条条等距离的平行线。接着，他又抓出一大把原先准备好的小针，这些小针的长度都是平行线间距离的一半。然后，蒲丰请大家把这些小针一根一根往纸上扔，并记录下其中针与纸上的某条线相交的次数。

客人们一个个加入了实验者的行列。在忙碌了将近一个钟头后。最后，蒲丰宣布：

> 大家刚才投针共2212次，其中与平行线相交的有704次。总数2212与相交数704的比值为3.142，这就是圆周率的近似值！

众客哗然，一时疑义纷纷，大家全都感到莫名其妙——圆周率 π？这种方法与圆一点都不沾边啊！

蒲丰解释道：这里用的是概率原理。如果大家有耐心的话，再增加投针的次数，还能得到 π 的更精确的近似值。不过，要想弄清这个道理，就要请大家看看敝人的新作——《或然算术实验》。

π 在这种纷纭杂乱的场合中出现，实在是出乎人们的意料，然而它却是千真万确的事实。由于投针实验的问题是蒲丰最先提出的，所以数学史上就称它为蒲丰问题。蒲丰得出的一般结果是：

如果纸上两平行线间的间距为 d，小针长为 l，投针的次数为 n，所投的针当中与平行线相交的次数为 m，那么当 n 相当大时有

$$\pi \approx \frac{2ln}{dm}$$

值得一提的是,后来有不少人步蒲丰先生的后尘,用同样的方法来计算 π 的近似值。其中最神奇的要算意大利数学家拉兹瑞尼。他宣称自己在 1901 年进行了多次投针实验(他取的针长 l 等于平行线间的距离 d),每次投针数为 3408 次,平均相交数为 2169.6 次,代入蒲丰公式求得 $\pi \approx$ 3.1415929。这与 π 的精确值相比,一直到小数点后第 7 位才出现不同!用如此精巧的方法,求得如此高精度的 π 值,倘若祖冲之在世,也会为之瞠目结舌。

投针实验历史资料

实验者	时间	投掷次数	相交次数	π 的实验值
Wolf	1850	5000	2532	3.1596
Smith	1855	3204	1218	3.1554
C. De Morgan	1860	600	383	3.133
Fox	1884	1030	489	3,1595
Lazzerini	1901	3408	1808	3.1415929
Reina	1925	2520	859	3.1795

下面给出一个简单而巧妙的证明——

证明

找一根铁丝弯曲成一个圆圈,使其直径恰恰等于平行线间的距离 d。可以想象得到,对于这样的圆圈来说,不管怎么扔,圆圈都将和平行线有两个交点。因此,如果圆圈扔下的次数为 n 次,那么相交的交点总数必为 $2n$。

现在设想把圆圈拉直,变成一条长为 πd 的铁丝。显然,这样的铁丝扔

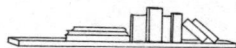

下时与平行线相交的情形要比圆圈复杂些,可能有 4 个、3 个、2 个、1 个交点,甚至于都不相交。

由于圆圈和直线的长度同为 πd,根据机会均等的原理,当它们投掷次数相当多且相等时,两者与平行线组交点的总数应是一样的。这就是说,当长为 πd 的铁丝扔下 n 次时,与平行线相交的交点总数应大致为 $2n$。

现在转而讨论铁丝长为 l 的情形。当投掷次数 n 增大的时候,这种铁丝跟平行线相交的交点总数 m 应当与长度 l 成正比,因而有 $m = kl$,其中 k 是比例系数。

为了求出 k 来,只需注意到:对于 $l = \pi d$ 的特殊情况有 $m \approx 2n$,于是求得 $k \approx \dfrac{2n}{\pi d}$。代入前式就有

$$m \approx \frac{2ln}{\pi d}$$

从而

$$\pi \approx \frac{2ln}{dm}$$

这就是著名的蒲丰公式!

值得注意的是这里采用的方法:设计一个适当的试验,它的概率与我们感兴趣的一个量(如 π)有关,然后利用实验结果来估计这个量。随着计算机等现代技术的发展,这一方法已经发展为具有广泛应用性的蒙特卡罗方法。

(本章部分内容引自张远南《概率和方程的故事》,致以感谢)

三、用概率求圆周率的多种方法

大约在 1904 年,查理斯做了下面的实验:

他叫 50 个学生,每人随机写出 5 对正整数;在所得到的 250 对正整数中,检查了互素的数目有 154 对,频率为 $\frac{154}{250}$。而理论上计算两个随机正整数互素的概率为 $\frac{6}{\pi^2}$,代入计算得:

$$\pi \approx \sqrt{6 \times \frac{250}{154}} \approx 3.12$$

这实在出人意料! 随机写下的正整数,竟会与圆周率 π 也发生联系。要知道,在整个实验中,不同的人书写的是完全随机的数字。甚至在实验中他们都不知道自己写这些数字是为什么,却居然得出了圆周率的近似值。

只是,要严格证明两个随机选取的自然数,它们互素的概率为 $\frac{6}{\pi^2}$,需要用到比较复杂的数学知识,不像蒲丰公式的证明那么巧妙,有兴趣的话,你可以查阅其他资料了解一下。

我们再来看一个有趣的例子——

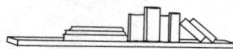

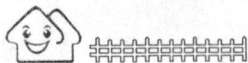

随机写出两个小于 1 的正数 x, y，它们与数 1 一起正好构成一个锐角三角形三边的概率为 $1 - \dfrac{\pi}{4}$。

虽然问题的结构和前面查理斯的实验很类似。然而，它的证明却简单明了。

证明

事实上，由于 x, y 都是在 0 和 1 之间随机选取的，所以点 (x, y) 均匀地分布在单位正方形 H 的内部。如果符合条件的点，落在一个阴影区域 G 上（如图 6-4 所示），

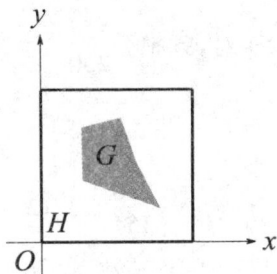

图 6-4

那么，根据机会均等的原则，所求的概率应为

$$P = \frac{G \text{ 的面积}}{H \text{ 的面积}}$$

现在假令以 x, y 和 1 为三边的三角形是 $\triangle ABC$，其中 $\angle C$ 对应最大的边 1。为使 x, y 和 1 能构成任何种类的三角形，注意到 x, y 为小于 1 的正数的限制，知道

$x + y > 1$（三角形任意两边之和大于第三边）

又因为 $\angle C$ 为锐角，应用余弦定理可得

$$1^2 = x^2 + y^2 - 2xy\cos C < x^2 + y^2$$

满足上面两式，且在单位正方形 H 内的区域，即图阴影区域 G。G 的曲

边周界,是以原点为中心,1 为半径的 $\dfrac{1}{4}$ 圆周。由此可求得 G 的面积 S_G,

$$S_G = S_H - \frac{1}{4}S_{圆} = 1 - \frac{\pi}{4}$$

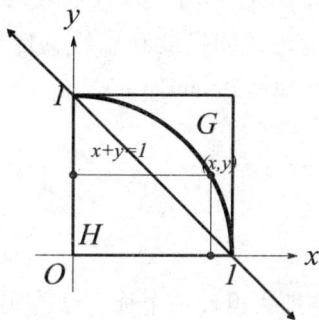

图 6 - 5

这就证明了所述问题的概率

$$P = \frac{S_G}{S_H} = \frac{1 - \dfrac{\pi}{4}}{1} = 1 - \frac{\pi}{4}$$

看! π 确实出乎意料地出现在随机写数的场合中,这是多么神奇啊!

试一试

随机地写出两个小于 1 的正数 X、Y,它们与 1 一起形成一个三元数组 $(X,Y,1)$,以这样的一个三元数组为一个三角形的三边之长,则它们能构成一个钝角三角形的概率为 $\dfrac{\pi-2}{4}$。你能证明它吗?

什么是随机模拟法?

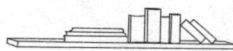

骰子掷出的学问——概率

这是一个颇为奇妙的方法：只要设计一个随机实验，使得一个事件的概率与某个未知数有关，然后通过反复实验，以频率估计概率，即可求得未知数的近似值。一般来说，实验次数越多，则求得的近似解就越精确。随着电子计算机的出现，人们便可利用计算机来大量重复地模拟所设计的随机实验。这种方法得到了迅速的发展和广泛的应用。人们称这种方法为随机模拟法，也称为蒙特卡罗（MonteCarlo）法。

思考

尝试仿效查理斯去设计一个你自己的实验。不妨请许多你的同学和朋友来观看你主持表演的"科学魔术"。

现在我们解决了这一类问题——可能结果无限多但是每种结果等可能出现的情况，如果每种结果不等可能出现，结果又无限多的时候该怎样呢？

请你在下一章的内容中寻找答案吧……

第七章

概率发展的今天

一、走向成熟的概率学

在 20 世纪的前几十年,出现了许多只能用概率论描述的现象。可以证明,其中某些现象从本质上说是随机的。创建这些现象的数学模型时,只能应用概率论,没有其他的选择。拉普拉斯的哲学核心是决定论的,概率论的主要作用是帮助人们分析测量的结果,后来人们发现拉普拉斯的哲学观有缺陷。拉普拉斯等人并没有错,只是他们过于局限地理解了概率论在描述自然时的作用。数学家和科学家们需要一个更广阔、更有用的概率论定义。

拉普拉斯的古典概率存在局限性——所有可能结果是有限的并且必须满足等可能性。
同时,贝特朗悖论也突出了定义本身的缺陷。

骰子掷出的学问——概率

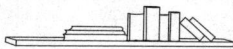

从气象学到理论物理,各个领域的科学家们都尝试应用概率论,但是,他们只取得了有限的成功。从数学来看,这是因为概率论极不完善。虽然自雅各布·伯努利、棣莫弗时代就出现了许多新的概念和计算技巧,但是一直没有出现概率论这一学科统一的概念。概率论仍是思想和技巧的随意组合。时代恰好再次提出了这个问题——概率论的数学基础是什么?

> 冯·米泽斯提出的概率的统计定义同样也存在着数学本身的缺陷。

表面看来,概率论发展的首要目标似乎是解决它的数学基础。事实并非如此。延迟提出这个问题的一个原因是,从研究机会游戏而来的简单思想,足以解决帕斯卡和费马之后几个世纪里数学家思考的许多问题。另一个原因是,构造概率论的牢固基础所必需的数学还未发展完全。在 20 世纪以前,要完善概率论所必需的数学知识还没有出现,它们到 20 世纪初才诞生,它们是概率论的数学基础。不过,创建这些新数学内容的数学家们对概率论本身倒不怎么感兴趣,他们热衷的是测量任意点集覆盖的体积等问题。20 世纪早期,法国数学家玻雷尔和勒贝格运用测度论①思想使多数的数学领域发生了变革。

测度论可以让人测量点集覆盖的体积或面积,其思想十分简单:列出我们感兴趣的一簇点集,然后用相关的数学知识确定它所覆盖的面积或体积。测度论和积分的关系密切,积分为微积分的一种重要概念。在牛顿和莱布尼茨创建微积分的前几个世纪里,就出现了许多积分方面的重要思想和技巧。但是,在 19 世纪后半叶,牛顿和莱布尼茨创建的概念和技巧中出现了一些问题,有人证明它们是不严密的。而且用过去狭隘的思想无法解

---

① 测度理论是实变函数论的基础。所谓测度,通俗地讲就是测量几何区域的尺度。直线上的闭区间的测度就是通常的线段长度;平面上一个闭圆盘的测度就是它的面积。

决这些新问题。积分——数学中最基础的一个运算,不得不被人们重新审视。数学家们必须推广概念和发展技巧来满足数学的新需要。玻雷尔,尤其是勒贝格在这方面做出了巨大成就,他们发现了推广牛顿和莱布尼茨经典思想的方法。所有旧的结果被保留下来,新的概念和技巧被应用到以前不能解决的问题中。

最早对概率论严格化进行尝试的,是俄国数学家伯恩斯坦和奥地利数学家冯·米泽斯,他们都提出了一些公理来作为概率论的前提,但他们的公理理论都是不完善的。真正严格化的公理化概率论只有在我们前面提到的测度论与实变函数理论的基础上才可能建立。事实上,对概率论基本概念的分析越来越揭示出这些概念与测度论及度量函数中基本概念之间的深刻相似性,使数学家们看到了一条建立概率论逻辑基础的正确道路。

当俄国数学家柯尔莫戈洛夫开始研究概率论的时候,玻雷尔和勒贝格的大部分基础性工作才基本完成。柯尔莫戈洛夫是20世纪最主要的数学家之一,他的思想使概率论变成今天的样子,在这方面他做的工作远远超出了其他任何数学家。

柯尔莫戈洛夫(*Andrey Nikolaevich Kolmogorov*,1903—1987)

人物小传

柯尔莫戈洛夫,苏联人。1903年4月25日生于苏联的唐波夫市。他的父亲是农艺师,母亲在他出生时就去世了。他是由其母的妹妹抚养、教育成人的。在考入大学前,他当过铁路列车员。1920年考进莫斯科大学,1925年毕业。1922年至1925年还同时在一所实验中学兼任教员。1925年起在莫斯科大学数学系任教,1931年成为教授。1933年至1939年及1951年至1955年兼任莫斯科大学数学力学研究所所长。1939年当选为苏联科学院院士,同时担任院级秘书。1961年至1966年及1976年起担任莫斯科数学会主席。1946年至1954年及1983年起任苏联《数学科学成就》杂志的主编。

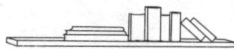

柯尔莫戈洛夫被选为罗马尼亚科学院院士(1954)、伦敦皇家学会会员(1964)、美国国家科学院院士(1967)、法国巴黎科学院院士(1968)。他被授予法国巴黎大学、瑞典斯德哥尔摩大学、波兰华沙大学等校的荣誉博士学位。

柯尔莫戈洛夫在三角级数论、测度论、积分理论、集合论、机构逻辑理论、拓扑学、逼近论、概率论、随机过程、信息论、数理统计、动力系统、自动控制、算法论、微分方程等领域都做出过重大贡献。

他在概率论、随机过程方面进行了一系列开创性、奠基性工作。1933年由他开创的测度论的概率论,现已广泛被采用。这个方法不仅对论述无限随机实验序列或一般的随机过程给出了足够的逻辑基础,而且应用于统计学也很方便。

他重视并善于将数学理论应用于生物学、地质学、金属结晶等方面。他建立了莫斯科大学的统计实验室。

同时,柯尔莫戈洛夫也是一位出色的数学教育家,培养了一批著名的苏联数学家,如盖尔方德等。他十分关心苏联中等数学教育改革,1965年至1968年领导了6至8年级和8至10年级新的数学大纲的制订工作,还指导编写《代数与初等函数》等书,作为中学教材。

柯尔莫戈洛夫7次获得列宁勋章,还获得过劳动英雄称号,又是列宁奖金和苏联国家奖金的获得者。

先用一个简单的实例来帮助我们从感性上理解概率的公理化定义

我们从一个基本集合出发。这个集合的每个元素叫做一个样本点,或

基本事件。而这个基本集合就叫样本空间,或基本事件集。

在 10 件产品中先后抽出两件检验,检验结果可能有下列 4 中情形:

①(正品、正品);②(正品、次品);③(次品、正品);④(次品、次品)

这 4 个基本事件也可以组成样本空间。

设 Ω 是一个样本空间,由 Ω 中的元素组成的子集,称之为 Ω 上的事件。

例如,考虑掷 3 次硬币的例子。"至少出两次正面"这个事件,便是由 Ω 中的

（正、正、正）,（正、正、反）,（正、反、正）,（反、正、正）

这 4 个元素组成的子集。可见,把样本点组成的子集叫做事件是有道理的。

我们感兴趣的一些事件,在一起组成事件空间。事件空间可能由 Ω 的全部子集构成。例如,"抛 3 次硬币"的情形,共有 $2^3 = 8$ 个事件,它们就可以组成一个事件空间。但是,事件空间也可以仅仅由 Ω 的一部分子集组成。但这一部分子集应当满足对"交、并、补"三运算的封闭性。

既然事件就是样本点之集,集合的运算也就应当有符合习惯的事件意义下的解释。

两个事件 A 与 B 的并记作 $A \cup B$,意指"A 与 B 至少有一发生"。也称两事件之和。

两个事件 A 与 B 的交记作 $A \cap B$,意指"A 与 B 同时发生"。

事件 A 的补 $\bar{A}$ 叫做 A 的对立事件,意指 A 与 $\bar{A}$ 之间必有一发生且仅有一发生。

如果 $A \cap B = \phi$,则称 A 与 B 为不相容事件。

样本空间全集 Ω 叫做必然事件,空集 ϕ 叫做不可能事件。

如果 $B \subset A$,意味着 B 发生时 A 必发生,称为 A 包含 B。如果事件 B 也包含 A,那么事件 A、B 相等。

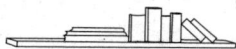

准备好了吗？让我们进入概率的公理化定义吧！

在事件空间引入一个函数 P，也就是让每个事件 A 对应于一个数 $P(A)$，满足三个条件：

Ⅰ 对任意事件 A，$P(A) \geq 0$

Ⅱ 若事件 $A_1, A_2, \cdots, A_n, \cdots$ 两两不相容，则

$$P(A_1 \cup A_2 \cup \cdots \cup A_n \cup \cdots) = P(A_1) + P(A_2) + \cdots + P(A_n) + \cdots$$

Ⅲ 对必然事件 Ω，$P(\Omega) = 1$

这样一个函数 P，叫做 Ω 上的一个概率测度，或"概率分布"。

一个样本空间 Ω，一个由 Ω 的子集构成的事件空间 ζ，以及 ζ 上的一个概率分布 P，三者放在一起，$\{\Omega, \zeta, P\}$ 就叫做一个概率空间，而 Ⅰ、Ⅱ、Ⅲ 叫做概率公理。

概率的公理化定义刻画了概率的本质，概率是集合的函数，若在事件域 ζ 上给出一个函数，当这个函数能满足上述三条公理，就被称为概率；当这个函数不能满足上述三条公理中任一条，就被认为不是概率。概率的公理化定义解决了一些令人莫衷一是的概率怪论。比如之前讲过的贝特朗悖论！

柯尔莫戈洛夫发现了把测度论应用到概率论的方法，其思想十分简单。他假设有一个大的集合，我们用字母 U 表示，集合 U 包含很多子集。柯尔莫戈洛夫在集合 U 上定义了一个测度，使得 U 的测度等于 1，由此就能确定 U 的子集的大小。剩下的就是用概率论的语言重新解释这个模型。

集合 U 表示某一过程的所有可能发生的事件（这就是让 U 的测度等于 1 的原因：总有事件发生的概率通常是 1）。U 的子集表示各种可能的事件。因为 U 的子集的测度不可能大于 U 的测度——部分永远不能比整体大，所以一个事件的概率不可能大于 1。如果 A 和 B 是 U 的两个不相交子

集,即 A、B 是两个事件,那么,事件 A 发生或事件 B 发生的概率等于 A 的测度加上 B 的测度。从几何上表示,就是两个集合的大小。相应地,如果我们想求事件 A 和 B 同时发生的概率,那么就计算两个集合交集的大小。

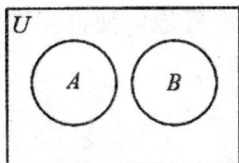

韦恩图

柯尔莫戈洛夫发现了用集合论和测度论表示概率论的方法,并赋予概率论严密性。

柯尔莫戈洛夫的思想使概率论成为分析数学中一门广阔而高度发展的分支,其中,测度论变成了分析数学的一部分。源自微积分的分析数学研究的是函数、方程、函数集。通过用测度论的语言解释概率论,数学分析的所有结果就可以应用到概率论。他的工作产生了广泛而直接的影响,科学家和数学家开始以新的方式使用概率论。从实际角度看,他的创新促使概率论成为研究原子、气象学、流体内部结构的运动的工具,例如:有气泡的液体或有悬浮物的液体。从数学上说,他的思想使数学家们致力于概率论公理化的工作,就像两千多年前欧几里得尝试几何公理化一样。也就是说,柯尔莫戈洛夫能够用一组称之为公理的基本性质来阐述概率论的数学基础。

除此之外,柯尔莫戈洛夫还做出了其他贡献。比如,他大大推广了马尔可夫的结果,这促使了布朗运动①的研究,从更广的意义上说,是促进了扩散过程的研究。扩散理论曾是研究物理、化学和生命科学中许多问题的重要工具。

柯尔莫戈洛夫也在应用概率论的众多科学分支上做出了成就。他尤其感兴趣的一个应用领域是信息论,这个学科研究的是信息的传播和储存的基本原理。第二次世界大战后不久,由于美国工程师申农的工作,从而诞生了信息论。他发明了一种稍微不同的方法,这个方法和申农最先提出

① 悬浮在流体中的微粒受到流体分子与粒子的碰撞而发生的不停息的随机运动。

的方法有某些类似之处,但是柯尔莫戈洛夫的概念更普遍。他用抽象的数学集合表示信息论的内容,这一思想十分有意义,并且具有潜在的用途。特别是,他发现了一种计算信息量的方法,用函数或函数群表示信息量,其中这些函数的性质并不完全已知。由于任何测量都不准确,所以这个方法也可以应用到解释测量数据这类问题上。他的信息论思想促使许多数学家,尤其是苏联数学家,做出了许多有意义而重要的研究。

柯尔莫戈洛夫虽然对概率论的发展有着深刻的影响,但并不是每个数学家都认为他的系统有用。

公理化定义没有告诉人们如何去确定概率。历史上在公理化定义出现之前概率的频率定义、古典定义、几何定义和主观定义都在一定的场合下,有着各自确定概率的方法,所以在有了概率的公理化定义之后,把它们看作确定概率的方法是恰当的!

拓展阅读

公理化思想方法

公理是"在一个系统中已为反复的实践所证实而被认为不需要证明的真理,可以作为证明中的论据"。

——《辞海》

公理化方法是"从某些基本概念和基本命题出发,依据特定的演绎规则,推导一系列的定理,从而构成一个演绎系统的方法。"

第一,关于公理的自明性。

第二,关于公理体系所依赖的"演绎推理"的规则。

古希腊时代的推理,就是依据亚里士多德创立的形式逻辑规则(三段论等)进行演绎。

后来欧多克斯还用穷竭法处理具有无限性的推理过程,把比值为有理数的结论都推广到无理数。近代则采取更加严密的数理逻辑方法。因此,演绎推理的规则在不断发展,与时俱进。

第三,关于"公理化方法的目标是形成一个演绎的科学体系"。近代的公理化方法,要求公理的选取必须符合以下的三条要求:

(1)相容性(或称为协调性,无矛盾性);

一个公理系统的公理以及由此推出的所有命题,不会发生任何矛盾。这就是公理系统的相容性,也称为和谐性或无矛盾性。任何公理系统必须被证明是相容的,否则,就不成为公理系统。

(2)独立性;

独立性要求公理系统中的每一条公理都是独立的,即每一条公理都不是其他公理的推论。独立性使公理系统的公理个数最少。严格地说,每个公理系统应当只包含最少的公理。但是,为使系统更加简单明确,有的系统放弃了这个要求。因此,通常并不将独立性作为公理系统的必要条件。

(3)完备性。

一个公理系统允许不同的模型,如果所有模型都是同构的,则说这个公理系统是一个完备的系统。所谓同构就是两个模型的所有元素之间有一一对应关系,基本关系之间也有一一对应关系,而且元素间的关系也构成对应。

公理的三个基本要求中,相容性是必要的,独立性和完备性不是必要的。正在发展中的数学分支一般不具完备性。数学中的一些公理体系正因为不具备完备性,才有各色各样的模型,显示出公理体系的广泛应用。

公理化思想方法的作用:

(1)欧氏几何公理化思想方法对推动数学发展有着重要意义。

从欧氏几何公理化思想方法的发展历史可以看出,公理化思想方法形成和发展的同时也推动了整个数学的发展。例如,对其逻辑特征的研究,

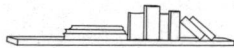

发现了很多新的数学分支和新的方法;对欧氏几何公理系统第五公设的"审查"发现了非欧几何;对公理系统协调性的研究,希尔伯特等数学家和逻辑学家创立了《元数学或证明论》;对形式系统与其相适应的模型之间关系的研究,使抽象代数与数理逻辑相结合产生了一个新的边缘学科——模型论,等等。

(2)公理化思想方法在数学教学和学习中也有着重要的意义。

由于公理化方法可以揭示一个数学系统或分支的内在规律性,从而使它系统化、逻辑化,有利于人们学习和掌握,有利于人们概括整理数学知识并提高认识水平。又由于公理系统是一个逻辑演绎系统,所以对培养学生的逻辑思维能力和演绎推理能力都有极其重要的作用。

(3)公理化方法丰富了科学方法论的内容。

数学公理化方法对整个科学方法论的形成和发展起到了示范作用。例如,数学公理化方法对现代理论力学及各门自然科学理论,以至社会科学理论的陈述都起到了积极的借鉴作用。

当然,公理化方法也是有其局限性的。例如,它主要用于"回顾"性的"总结",对"探索"性的"展望"作用较少;对每一个数学分支都要按照公理化三条标准去实现公理化也是不可能的;只能运用到一个发展成熟的数学分支,对不成熟的分支的发展可能有束缚作用等等。

1900 年,希尔伯特在世界数学家大会上提出了建立概率公理系统的问题,这就是著名的希尔伯特 23 个问题中的第 6 个问题,从而引导了一批数学家投入这方面的工作。

概率论的数学基础是什么? 如何定义概率,如何把概率论建立在严密的逻辑基础上? 是概率理论发展的困难所在,对这一问题的探索一直持续了 3 个世纪。20 世纪初完成的勒贝格测度与积分理论及随后发展的抽象测度和积分理论,为概率论功利化体系的建立奠定了基础。

公理决定了数学家研究的内容,任何数学分支都由一组公理来决定。数学家正是从公理推导出定理,定理是公理的逻辑推论。公理是数学问题的最终答案。所以柯尔莫戈洛夫的公理化方法使概率论发展成数学上连贯的学科。虽然其他人做过尝试,但是柯尔莫戈洛夫第一个成功地为概率论创建了公理基础。他提供的框架,使得认同他的公理的数学家们能够严格地推导出概率论的定理。他工作的一个极其重要的特点是,他使概率论能够运用到十分抽象的情形,即以前不能用数学分析的情况。

柯尔莫戈洛夫在 1933 年出版的《概率论基础》中运用集合论和测度论表示概率论的方法赋予了概率论以严密性。

Ⅰ **事件域**　设 F 是基本空间 Ω 的子集族,它满足条件

①$\Omega \in F$;②若 $A \in F$ 则 $\bar{A} \in F$;③若 $A_i \in F, i = 1,2\cdots$,则 $\overset{\infty}{\underset{i=1}{U}}A_i \in F$

则称 F 为 Ω 上的一个事件域,F 中的元素称为事件。

Ⅱ **概率空间**　设 F 是基本空间 Ω 的一个事件域,定义函数 $P: F \rightarrow [0,1]$ 满足下列公理

①$\forall A \in F, P(A) \geq 0$(非负性);②$P(\Omega) = 1$(规范性);③若 $A_i \in F, i = 1,2,\cdots$ 且 $A_i \cap A_j = \phi, i \neq j$,则 $P(\overset{\infty}{\underset{i=1}{U}}A_i) = \overset{\infty}{\underset{i=1}{\sum}} P(A_i)$(完全可加性)。

则称 P 为 F 上一个概率测度,简称概率,称 (Ω,F,P) 为概率空间。

测度论与概率论若干特征

测度	概率
可测函数	随机变量
全直线	概率空间
点集	事件集
$E \rightarrow m(E)$	$A \rightarrow P(A)$
$m(\overset{\infty}{\underset{i=1}{U}}E_i) = \overset{\infty}{\underset{i=1}{\sum}} m(E_i)$	$p(\overset{\infty}{\underset{i=1}{U}}A_i) = \overset{\infty}{\underset{i=1}{\sum}} P(A_i)$

骰子掷出的学问——概率

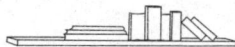

二、现实生活中的概率运用

在公理化基础上,现代概率论取得了一系列理论突破。

公理化概率论首先使随机过程的研究获得了新的起点。随机过程作为随机事件变化的偶然量的数学模型,是现代概率论研究的重要主题。一类普遍的随机过程叫做**马尔可夫过程**①,这是一种无后效性的随机过程,即在已知当前状态的情况下,过程的未来状态与其过去的状态无关。原始形式的马尔可夫过程——马尔可夫链最早由马尔可夫提出(1907),故名。1931 年,柯尔莫戈洛夫用分析的方法奠定了马尔可夫过程的理论基础。之后,在随机过程研究中做出重大贡献而影响了整个现代概率论的重要代表人物有莱维、辛钦、杜布和伊藤清等。

---

① 一类随机过程。它的原始模型马尔可夫链,由俄国数学家 A. A. 马尔可夫于 1907 年提出。该过程具有如下特性:在已知目前状态(现在)的条件下,它未来的演变(将来)不依赖于它以往的演变(过去)。例如森林中动物头数的变化构成——马尔可夫过程。在现实世界中,有很多过程都是马尔可夫过程,如液体中微粒所作的布朗运动、传染病受感染的人数、车站的候车人数等,都可视为马尔可夫过程。

马尔可夫　　　　　　　　　　杜　布

　　莱维从 1938 年开始创立研究随机过程的新方法,即着眼于轨道性质的规律方法。1948 年出版《随机过程与布朗运动》,提出了独立增量过程的一般理论,并以其为基础极大地推进了作为一类特殊马尔可夫过程的布朗运动的研究。

　　自然界中许多随机现象表现出某种平稳性,统计特性不随时间的推移而变化的随机过程叫做平稳过程,平稳过程的相关理论是 1934 年由辛钦提出的。

　　另一类有重要意义的随机过程是**鞅**①,布朗运动也是其特例。莱维在 1935 年已有鞅的思想,1939 年维尔引进"鞅"这个名称,但鞅论的奠基人是美国概率论学派的代表人物杜布。杜布从 1950 年开始对鞅概念进行系统的研究而使鞅论成为一门独立的分支。鞅论使随机过程的研究进一步抽象化,不仅丰富了概率论的内容,而且为其他数学分支如调和分析、复变函数、位势理论等提供了有利的工具。

　　从 1942 年开始,日本数学家伊藤清引进了随机积分与随机微分方程,开辟了随机过程研究的新道路。

　　像任何一门公理化的数学分支一样,概率论公理化一旦完成,就允许各种具体的解释。概率论的公理化是将概率概念从频率解释抽象出来,同

────────────

① 一类特殊的随机过程。起源于对公平赌博过程的数学描述。鞅为满足如下条件的随机过程:在已知过程在时刻 s 之前的变化规律的条件下,过程在将来某一时刻 t 的期望值等于过程在时刻 s 的值。

时又总可以从形式系统再回到现实世界。概率论的应用范围被大大拓广了。

现代应用之一

核反应堆安全

商用核能反应堆是高度复杂的设备，其目的是把热能转化成电能，然后通过电线传输，供人们使用。必须严格控制核反应产生的巨大热能，和把热能转化为电能时所必需的巨大力量。核反应堆的安全操作要求人们非常清楚地了解每个核反应堆的工作状态及整个电厂的工作环节。它可能是被人们研究得最彻底的一种机器。绝大多数研究的目标是确保每个核反应堆都能正常运行。毕竟工厂是被设计用来发电的，而不是威胁生命或毫无责任地破坏环境的。预测核电厂如何正常工作的一个分析工具就是概率论。

当反应堆产生的电能大大超出实际需要时，一些机器会处于闲置状态，这些机器叫做候补系统。当电厂的其他系统出故障时，候补系统会接替它们运行。每个系统被分别检测，工程师可以用收集到的数据预测该系统出现故障的概率。然而，知道单个系统出故障的概率不足以可靠地预测整个电厂的工作情况。收集这些信息的目的是，当电厂的一部分仪器出现故障时，通过概率分析知道如何调配候补系统，从而维持电厂正常工作。

对反应堆进行安全分析的目标，是预测每个运行的系统可能出现的故障，这包括机器本身的故障和人为导致的故障。在许多情况下，人们都会提出许多问题，其中分析人员计算了某一层系统的故障如何分散到下一层的一个或多个系统。根据对电厂安全结构的理解，如果发生灾难性故障的话,将必然发生无数多个单独的不可能的事故,而且它们沿着事件树从头到尾都会发生。分析人员利用每个独立系统的数据,来估计一个故障沿着事件树从头到尾都发生的概率,其中包括转换事件树的结点之间转换函数的控制系统。这些事件树被用来评估和比较将来制定的设计,它们也被用来评估现在运行的电厂的安全。对每一个核电厂是否安全运行的判断对我们所有人都至关重要。概率论为人们提供了重要的技术帮助做出判断。

现代应用之二

概率论与金融学

概率论在金融业的应用使之发生了革命性的变化。在过去的20年间,数百亿美元的衍生证券市场的出现使得资本在世界范围内流通,由此而提高了国际商贸交易额度和生产效率。没有概率模型为衍生证券提供可靠的定价和引导相关风险的管理,这些市场就不会存在。应用概率理论来精确计算金融衍生物的价格,可使得贸易公司通过金融证券降低风险,保护其不发生可能的小概率灾难性事件。同样可给正确购买者解释说明,以避免在买卖过程中所招致的风险。

诺贝尔经济学奖获得者莫顿认为,金融数学的大多数内容可追溯到巴夏里埃的论文"投机理论",并称该文标志着连续事件随机过程的数学理论的诞生及连续时间期权的经济的诞生。

巴夏里埃的博士学位论文"投机理论"给出了连续随机过程的 CK 方程、布朗运动过程的推导,并把股票价格的涨跌看作随机运动。他定义了独立增量的马尔可夫过程,还得到了奥恩斯坦 - 乌伦贝克过程。其方法可看作是用赌博语言来发展随机微分方程理论。巴夏里埃的《概率计算》

（1912）是第一部超过拉普拉斯《分析概率论》的概率专著。

到19世纪60年代末，金融经济学通过莫迪利亚尼、米勒、马科维茨、夏普等的研究而奠定了基础。这些数理经济学家后来皆因此而获得诺贝尔经济学奖。

1973年，金融经济学出现了巨大突破。布莱克和斯科尔斯为期权定价①提出了著名的布莱克－斯科尔斯公式。他们从证券价格的随机模型出发，用几何布朗运动推导出了期权定价公式。该理论不但在金融界，乃至在工业界的各个领域都有着广泛的应用。

金融学研究不确定性条件下的决策，利用理论模型从一种期望变成另一种期望——如股票定价、期权定价模型的参数分别是期望红利和期望收益变动率，它们永远是不确定性的。故金融理论的核心是从空间、时间上研究经济代理商在不确定环境下，分配、部署资源的行为。时间和不确定性是影响金融行为的中心元素。

金融经济学在国际上通常是指研究证券交易的经济学。证券交易是市场经济中最重要的交易。现在，经济景气的最重要晴雨表已不是年度产值、产量之类的统计，而是每天的股市行情、期货牌价、证券指数等。

金融数学是通过建立证券市场的数学模型，研究证券市场的运作规律。金融数学研究的中心问题是风险资产的定价和最优投资策略的选择，其主要理论有资本资产定价模型、套利定价理论、期权定价理论及动态投资组合理论。金融数学不仅对金融市场的实际运作产生直接的影响，且在工商业界的投资决策分析和风险管理中有着广泛的应用。期权定价理论在金融领域的广泛应用促进了金融工具的不断创新，并导致了金融工程、数理金融学等交叉学科的诞生。

阐述金融思想的工具从日常语言发展到概率语言，具有理论的精神与抽象，是金融学的进步。如使用差分、偏微分方程和随机积分等数学工具

---

① 期权定价模型（OPT）：由布莱克与斯科尔斯在20世纪70年代提出。该模型认为，只有股价的当前值与未来的预测有关；变量过去的历史与演变方式与未来的预测不相关。模型表明，期权价格的决定非常复杂，合约期限、股票现价、无风险资产的利率水平以及交割价格等都会影响期权价格。

描述股票走势、收益率曲线等。金融数学的重要工具是随机分析和数理统计。它最初的研究是成功的，给出了较典型的数学模型，且公式与实际工作者的想法基本相吻合。随着社会经济的不断发展，金融产业需要更高级的数学模型，故不可能再有公式化的解，且答案是通过数值来计算的。这就导致了对随机数值分析和相应模拟问题的研究，进一步的研究则是用有效方法来模拟随机过程，对多重、相依过程，怎样进行假设检验和构造置信区间也是有待解决的研究课题。

> 概率论与现实社会有着密切的联系，这就是它得以产生、发展，不断得以推进和创新的重要原因。

由于物理学、生物学以及工程技术发展的推动，概率论思想深入其他学科已成为近代科学发展明显的特征之一。

现今概率论的应用已突破了传统范围而向人类几乎所有的知识领域渗透。研究化学反应的时变率及相关因素，自动催化反应、单分子反应、双分子反应及一些连锁反应的动力学模型，皆以生灭过程来描述；在生物学中研究群体的增长问题时提出了生灭型随机模型，传染病流行问题要用到多变量非线性生灭过程；高能电子或核子穿过吸收体时，产生级联现象，在研究电子－光子级联过程的起伏问题时，常以泊松过程、波利亚过程作为近似，有时还要用到更新过程的概念；星云密度起伏，探讨太阳黑子的规律及其预测时，时间序列方法是常用的工具；气象、水文、地震预报、人口控制及预测都与概率论紧密相关；产品的抽样验收、新研制的药品能否在临床中应用，均需要用到假设检验；寻求最佳生产方案要进行实验设计和数据处理；火箭卫星的研制与发射都离不开可靠性估计；许多服务系统，如电话通信、船舶装卸、机器维修、患者候诊、存货控制等需用排队论模型来描述；若无概率论的支撑，博弈论也根本不可能问世；在经济学中研究最优决策

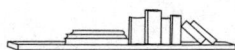

骰子掷出的学问——概率

和经济的稳定增长等问题,都大量应用了概率论方法。

目前,概率论进入其他科学领域的趋势还在不断发展。正如拉普拉斯曾说:"生活中最重要的问题,其中绝大多数实质上只是概率问题。"英国的逻辑学家和经济学家杰文斯曾对概率论大加赞美:"概率论是生活真正的领路人,如果没有对概率的某种估计,那么我们就寸步难行,无所作为。"

拓展阅读

马尔可夫链与信息论

经典极限定理所涉及的随机变量序列都是相互独立的,但在许多实际情形中,随机变量序列既非独立又不同分布。当对某事物发展过程依次进行观测时,这种现象就出现了。出于扩大极限定理应用范围的原因,马尔可夫开始考虑相依随机变量序列的规律,于1906年引进离散参数和优先状态链的概念,并建立了链的大数定理。

在数学中,马尔可夫链是最简单的一种马尔可夫过程。想像一个粒子沿实数轴以离散步骤来回移动。假设它从0点开始运动,并且只能向左或向右移动一个单位长度。具体地说,就是第一次移动后,它只能位于 $x=1$ 或 $x=-1$。假设它向右移动的概率是 p,那么向左移动的概率就是 $1-p$,其中 $0<p<1$。如果我们令 $p=\dfrac{1}{2}$,那么就可以把这个马尔可夫过程简化为下面的模型:粒子沿一条直线移动,每次只能移动一步,通过掷硬币决定走那个方向:"正面"代表向前,"反面"代表向后。掷一次硬币,走一步,不断地重复这个过程。这就是一维布朗运动的数学模型。用马尔可夫链创建一维布朗运动的数学模型后,现在要定量地研究它。可以问,移动 n 步后,粒子在0点的概率是多少?或者,投掷硬币足够多次后,粒子不在0点并且永远不回到0点的概率是多少?

惠更斯在其《论赌博中的计算》中所给问题5——赌徒输光模型是最早的马尔可夫链,帕斯卡、费马和惠更斯分别对其进行了研究。雅各布、棣莫弗和拉普拉斯也对其进行了研究,该问题逐渐演化成"赌博持续时间"这个有着重要意义的问题。

1906 年马尔可夫在"大数定理关于相依变量的扩展"一文中,研究了最简单的马尔可夫链,第一次提到如同锁链般环环相扣的随机变量序列。其特点是:当一些随机变量依次被观测时,随机变量的分布仅仅依赖于前一个被观测的随机变量,而不依赖于更前面的随机变量。马尔可夫证得:在随机变量序列中,若随机变量和的增长速度低于 n^2,则该模型服从大数定理。

马尔可夫链定义为:设 $[X(n),n=0,1,2,\cdots]$ 是概率空间 (Ω,F,P) 上的实值随机过程,其状态空间 I 为可列集,如果对任意非负整数 n,任意 i_0,$i_1,i_2,\cdots,i_{n+1}\in I$,若满足

$$P(X(0)=i_0,X(1)=i_1,\cdots,X(n)=i_n)>0$$

且

$$P(X(n+1)=i_{n+1}/X(0)=i_0,X(1)=i_1,\cdots,X(n)=i_n)=P(X(n+1)$$
$$=i_{n+1}/X(n)=i_n)$$

则称 $[X(n),n=0,1,2,\cdots]$ 为马尔可夫链或可列马尔可夫过程,其中等式为马尔可夫性质或无后效性。

马尔可夫链具有三条重要性质:①是一系列随机事件;②若知道现在的状态,则能知道未来状态的概率;③未来状态的概率只受现在状态的影响,不受过去状态的影响。

第二次世界大战后不久,由于工程师、数学家申农的工作,数学交换理论诞生了。1948 年,当申农还在贝尔实验室工作的时候,他发表了一系列关于交换的数学模型的论文。这些文章的目标是从数学上刻画信息的传递。当然,这样做需要定义数学上可接受的信息的概念。这个定义必须可以应用到任何我们想称之为"信息"的事物上。申农喜欢具体的例子,他的论文有许多简单的例子,如由有序字母组成的"人造语言",每个字母以给定的频率出现。不过,他的工作实际上比例子显示的内容要深刻得多。申农的信息定义了——实际上是叙述了任意消息中顺序或可预言性的数量表示。它们和实际内容无关,今天的信息论被应用到遗传学、语言学及数

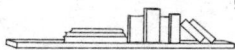

字交换。

　　根据申农的定义,信息传输要求有:

　　(1)信息源(它产生一串符号,通常是一列数字或字母);

　　(2)传送者,它把信息源产生的序列译成或变成适合传送的形式;

　　(3)通道,信息由此被传递;

　　(4)接收者,把从通道传过来的信息译成文字。

　　申农模型的核心是通道中噪音的存在,其中噪音表示信息流中偶尔出现的随机变化。

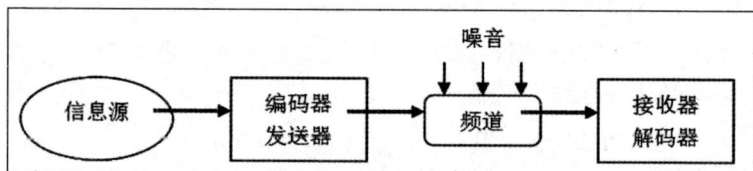

　　在申农的数学模型中,信息源产生的符号序列是马尔可夫过程。在很长的消息中,下一个符号出现的概率由刚接收到的符号序列决定。从接收到的符号集合变成下一个新符号的概率,通常被描述成是一种马尔可夫链。

　　申农证明,他所给的信息的定义服从某些定理,这些定理在一定程度上类似那些描述质量、动量、能量等物理量变化率的定理。通过使用概率论,尤其是马尔可夫链理论,当通道有噪音时,如果传送者正确传送了信息,那么就能以极高的准确性传输信息。这个结果出人意料,因为在这之前,人们普遍认为在有噪音的通道中,必然会丢失部分信息。申农的发现促使人们寻找理想的纠错码,从理论上说,纠错码在有噪音时仍能保持信息不丢失。可用于社会的各个领域,例如,它使得"旅行者"号的空间探索成为可能,"旅行者"号现在位于我们能达到的太阳系最远的地方,通过23瓦的无线电成功地和地球进行交流。更一般地说,申农的发现是数字交换方面工作的基础,因为它使人们可以成功地给出信息传递和存储的数学模型。

图书在版编目(CIP)数据

骰子掷出的学问——概率／严虹编著. —贵阳：
贵州人民出版社，2013.9(2021.3 重印)
ISBN 978 - 7 - 221 - 11370 - 2

Ⅰ. ①骰… Ⅱ. ①严… Ⅲ. ①概率 - 普及读物
Ⅳ. ①O211.1 - 49

中国版本图书馆 CIP 数据核字(2013)第 210699 号

骰子掷出的学问——概率

严 虹 编著

出版发行	贵州出版集团 贵州人民出版社
地　　址	贵阳市中华北路 289 号
责任编辑	徐　一
封面设计	连伟娟
印　　刷	三河市腾飞印务有限公司
规　　格	850mm×1168mm　1/16
字　　数	140 千字
印　　张	9.5
版　　次	2014 年 7 月第 1 版
印　　次	2021 年 3 月第 2 次印刷

书　号：ISBN 978 - 7 - 221 - 11370 - 2　定 价：25.00 元

"快乐阅读"书系首批书目

语文知识类

秒杀错别字

点到为止
　　　　——标点符号的正确使用

当心错读误义
　　　　——速记多音字

错词清道夫

巧学妙用汉语虚词

别乱点鸳鸯谱
　　　　——汉语关联词的准确搭配

似是而非惹的祸
　　　　——常见语病治疗

难乎？不难！
　　　　——古汉语与现代汉语句法比较

作文知识类

议论文三步上篮

说明文一传到位

快速格式化
　　　　——常见文体范例

数学知识类

情报保护神——密码

来自航海的启发——球面几何

骰子掷出的学问——概率

数据分析的基石——统计

文学导步类

中国诗歌入门寻味

中国戏剧入门寻味

中国小说入门寻味

中国散文入门寻味

中国民间文学入门寻味

文学欣赏类

中国历代诗歌精品秀

中国历代词、曲精品秀

中国历代散文精品秀

语言文化类

趣数汉语"万能"动词

个人修养类

中国名著甲乙丙

世界名著 ABC